August Höglinger

Menschen führen

in Familien und Unternehmen

Verlag A. Höglinger

Impressum:

Herausgeber und Verleger: Dr. August Höglinger
Lektorat: Textservice Johann Schnellinger, Linz
Druck: EURO PB, s. r. o. Druckservice, Dělastřelecká 344, CZ-261 01 Příbram, www.europb.eu
Cover: pixelkinder, www.pixelkinder.com
Coverfoto: © emmi
Satz und Layout: Friedrich Jung, A3 Werbeservice GmbH, Franckstraße 45, A-4020 Linz
Redaktionelle Bearbeitung: Eva Kapsammer, Grieskirchen

Bestellungen an den Verlag:

Dr. August Höglinger, Fröhlerweg 8, A-4040 Linz
Tel.: ++43(0)732 / 75 75 77
Fax: ++43(0)732 / 75 75 77, DW 4
E-Mail: office@hoeglinger.net
Internet: www.hoeglinger.net

ISBN 978-3-902410-16-0

Menschen führen

Männliche/weibliche Form im Text

Ich habe aus Gründen der besseren Lesbarkeit und Verständlichkeit des Textes nur eine Form der Anrede gewählt, und zwar die männliche, weil sie die gängigere ist. Diese steht stellvertretend für beide Geschlechter. Ich bitte alle meine Leserinnen und Leser um ihr Verständnis.

Inhalt

Einleitung

Als ich dieses Buch zu schreiben begann, wollte ich es eigentlich „Lust am Führen" nennen. Ich wollte darüber erzählen, wie ein Mensch seine Führungsaufgaben nicht belastend, sondern lustvoll erleben kann. Die möglichen Inhalte stammten aus meinen persönlichen Erfahrungen als Führungskraft, Hintergründe dazu natürlich aus der Literatur und vieles aus Gesprächen mit Führungspersönlichkeiten, die ich begleiten durfte.

Doch eines frühen Morgens schreckte mich ein innerer Befehl förmlich aus dem Schlaf: „Räume all deine bisherigen Führungsratgeber und Organisationsentwicklungsrezepte aus deinem Bücherregal! Sie bewirken nichts!", sagte meine innere Stimme zu mir. „Sie bedeuten nichts, wenn der Mensch nicht bereit ist, sich selbst zu bewegen!" Und wie Schuppen fiel es mir plötzlich von den Augen: Wenn der Mensch sich selbst nicht bewegt, geht gar nichts! Wenn die Führungskraft nicht bereit ist, sich selbst zu hinterfragen, zu entwickeln und zu lieben, bewegt sich in der Familie oder Firma, die geführt wird, auch nichts weiter!

Oder andersherum: Wenn sich im Menschen selbst etwas bewegt, wenn er bereit ist, an seiner persönlichen Entwicklung zu arbeiten, wenn er mit sich selbst im Reinen ist, gehen auch seine Projekte voran!

Ich packte also die Bücher in eine Schachtel – es war eine ganze Regalreihe voll – und räumte sie in den Keller. Damit war Platz für Neues – auch in mir. Ich begann das Thema „Lust am Führen" neu aufzurollen: Wichtig wurde der Mensch selbst mit seiner eigenen Persönlichkeit – und ihrer Entwicklung! Die Bedeutung unserer frühen Führungserfahrungen, der Umgang mit Macht und Verantwortung, mit Konflikten und Entscheidungen bis zur persönlichen Führungsinitiation am Beispiel eines Märchens sind nur einige Themen, die unsere Persönlichkeit reifen lassen.

Lebenslust entsteht, wenn wir bereit sind, den Weg zu uns selbst einzuschlagen, an unserer eigenen Entwicklung zu drehen und uns selbst ehrlich zu begegnen. Dieser Weg wird manchmal mühsam sein, aber wir werden ihn lieben, weil er uns mehr und mehr zur Selbstakzeptanz führt, sodass wir uns sicher und autark fühlen.

Lust am Führen erleben wir, wenn wir angstfrei auf Menschen und Projekte zugehen können! Die größte Lust entsteht, wenn wir erkennen dürfen, dass sich die Arbeit an uns selbst lohnt und sich auf unsere Organisation und unsere Projekte auswirkt.

Ich möchte Sie in diesem Buch auf dem Weg zu einem erfüllteren Führen begleiten, Ihnen Schritte zu ehrlicher Selbstbetrachtung zeigen, indem ich ab und zu Fragen einstreue, und ich möchte Sie ermutigen, mehr und mehr *der zu werden, der Sie sind*!

1. Kapitel

Geführt werden

Das Führen-Lernen oder die Entwicklung der *Führungskompetenz* beginnt am ersten Lebenstag. Das früheste Führungsbeispiel, das Kinder erfahren, sind ihre Eltern. Von ihnen lernen sie am ursprünglichsten, was Führung bedeutet.

Weitere Erfahrungen folgen: Wir sind Kinder unserer Eltern, Schüler unserer Lehrer, Lehrlinge unserer Chefs, Studenten unserer Professoren et cetera. Von ihnen werden wir geführt, lernen wir Führung. Unsere Führungskompetenz entwickelt und reibt sich während der Kindheit und des Erwachsenwerdens, schärft sich entlang der Berufslaufbahn und entfaltet sich durch die Entwicklung der eigenen Persönlichkeit.

Jeder Mensch ist ein Kind seiner Zeit. In der Art, geführt worden zu sein und schließlich selbst zu führen, spiegeln sich Zeitgeist, Familientradition, Stand der pädagogischen, psychologischen, betriebswirtschaftlichen Wissenschaft, aber auch das Temperament der „Führenden" wider.

Wenn Sie lustvoll, weil authentisch, führen wollen, müssen Sie auf Ihrem ureigenen Führungsstil aufbauen; jenem Führungsstil also, der Ihnen gleichsam in die Wiege gelegt wurde. In ihm stecken das größte Potenzial und die größte Entwicklungsaufgabe!

Wir hassen ihn manchmal, weil wir doch niemals so agieren woll(t)en wie unsere Eltern, aber er hat die größte Kraft und strebt nach Ausdruck. So sollten wir ihn besser nicht bekämpfen, sondern ihn als die größte Quelle unserer Führungskompetenz akzeptieren. Denn wer authentisch führt, führt glaubwürdig!

Kaum auf der Welt, lernen wir zu führen

Als Kind bin/werde ich von meinen Eltern geführt, mein Leben und Wohlbefinden liegen in ihren Händen. An ihnen erfahre ich, was Führung bedeutet.

So wie Vater und Mutter ihr Kind erziehen und führen, so entwickelt sich in ihm ein Selbstverständnis für Führung.

Das Kind lernt seine Werte und inneren Haltungen anhand seiner Führung, seiner Erziehung, seiner Kommunikation und seines Lebensstils kennen. 80–90 % der Erziehung passieren zwischen den Zeilen: Wie gehen die Erwachsenen miteinander um, mit den Kindern, mit anderen Menschen? Ein Kind lernt hauptsächlich durch Beobachtung und Imitation und am meisten dadurch, wie die Eltern sind, nicht, was sie sagen. Am allermeisten im Laufe meines Lebens werde ich genau von diesen Botschaften geprägt, Botschaften, die sich nicht nur in Worten, sondern vor allem in Taten ausdrücken. Bereits als Säugling in den Armen meiner Eltern erfahre ich, ob sie meinem Ess- und Schlafrhythmus vertrauen und ihm nachgehen oder diesen selbst bestimmen. Ich erfahre, ob sie auf Weinen reagieren und wie sie reagieren. Ich erfahre, was mein Handeln bewirkt, und stimme mein Verhalten darauf ab.

Diese Erfahrungen brennen sich in das Innere des Menschen ein wie ein Programm auf einem Datenträger. Auch wenn später andere Erfahrungen folgen und wir diese reflektieren werden, so bleiben doch die ersten Führungserfahrungen die wirksamsten. Sie speichern sich im Menschen ab und werden in Krisensituationen und im Stress un-bewusst aktiviert und laufen „wie von selbst" ab.

Sie können die folgende (unvollständige) Liste von Erziehungsstilen nutzen, sich selbst zu fragen: Wie wurde ich geführt? Welche Aspekte erinnern mich an meine Kindheit?

Autoritärer Erziehungsstil

Manche Kinder erleben, dass ihre Eltern sehr *autoritär* mit ihnen umgehen und keine eigenen Äußerungen oder Vorschläge dulden. Gültigkeit hat nur, was von den Erziehenden kommt, Eigen-sinn oder Eigen-wille wird bestraft. Erziehung ist dann erfolgreich, wenn es gelingt, den Willen des Kindes zu brechen.

Diese Kinder packen sich ein großes Paket Angst in ihren Rucksack und tragen sie als schwere Last mit sich.

Sie trauen sich nichts zu, leben verhalten und sind in ihrer Entwicklung blockiert.

Andererseits haben sie manchmal ein großes Maß an *Selbstdisziplin* und bringen es durch Fleiß und Ausdauer besonders „weit" in ihrem Leben.

Dieser Erziehungsstil kann aber auch Rebellen hervorbringen: Menschen, die sich gegen Autoritäten und Regelsysteme auflehnen und schwer Vertrauen in Führungskräfte entwickeln. Ihr Potenzial liegt in einer besonders feinen „Nase" für Manipulation und Ungerechtigkeit und sie haben ein großes Maß an Zivilcourage.

Erziehen mit schlechtem Gewissen

Andere wiederum erleben, wie Eltern in ihnen *schlechtes Gewissen* hervorrufen und sie dadurch zu bestimmten Handlungen bewegen wollen:

Manche Mütter oder Väter versuchen, ihre Kinder durch Jammern oder Anklage zu Handlungen zu bewegen, sie zu manipulieren.

Sie drücken ihre Absichten oder Wünsche nicht direkt aus, indem sie befehlen oder anweisen.

So wurde mir erzählt, dass eine Tante ihre Nichte mit folgenden Worten dazu brachte, sie als Firmpatin zu wählen:

„Weißt du, ich bin überhaupt nicht böse auf dich oder wütend, wenn du mich nicht wählst. Ich bin nur furchtbar traurig!"

Oder eine Mutter beklagt sich bei ihren erwachsenen Kindern: „Alles tut mir weh! Immer bin ich allein! Wer weiß, wie lange ich noch lebe!"
Wenn man in diesen Aussagen eine versteckte Anklage hört, bekommen sie folgende Deutung: „Weil du so wenig Zeit für mich hast, geht's mir schlecht! Tu mehr für mich, besuche mich öfter! Wer weiß, wie lange ich noch lebe!" Auf diese Weise gehört, rufen solche Äußerungen schlechtes Gewissen, Wut und Ohnmacht hervor.
Eine Antwortmöglichkeit nimmt allen Beteiligten den Wind aus den Segeln: „Ich freue mich über jeden Tag, den wir beisammen sind!"

Wer mit Schuldgefühlen und schlechtem Gewissen groß geworden ist, muss lernen, seine eigenen Bedürfnisse zu beachten und als Folge auch einmal *Nein* zu anderen zu sagen. Die Qualität derer, die schlechtes Gewissen als Erziehungsmittel erlebten, liegt in einer besonderen Sensibilität; sie achten auf andere, sie sind besonnen.

Unberechenbare Erzieher

Manche Eltern führen *unberechenbar*.

Das Kind versucht, an subtilen Hinweisen den Willen der Mutter oder des Vaters zu erahnen und danach zu handeln. Oft erfolglos.

Immer wieder macht es die schmerzvolle Erfahrung, dass sein Verhalten offenbar doch nicht richtig war, weil Rüge, Liebesentzug oder Strafe die Folge waren. Eine Strafe für etwas, von dem das Kind nicht einmal ahnte, dass es der Mutter oder dem Vater nicht gefallen könnte.

Diese Kinder entwickeln meist ein sehr gutes Einfühlungsvermögen, allerdings gepaart mit einem großen Anteil Unsicherheit.

In einigen Unternehmen habe ich diesen Führungsstil beobachten können: Zunächst wird nicht mitgeteilt, was vom Mitarbeiter erwartet wird, um sich schließlich enttäuscht zu zeigen, wenn diese unausgesprochenen Anforderungen nicht erkannt und nicht erfüllt werden.

Nicht geführt werden

Es gibt auch Kinder, die *nicht* geführt werden.

Ich war ein solches Kind. Mein Vater hatte mich nicht geführt. Er hatte keine Hinweise für mich, keine Ratschläge, was für mich gut sei, wie man das Leben gut führen könne. So musste ich lernen, mich selbst zu führen, mein Leben selbst in die Hand zu nehmen, meine Entscheidungen ohne väterlichen Rat zu treffen, aber auch ohne seine Einmischung.

In meinem Berufsleben mochte ich jene Chefs am liebsten, die mich ebenso wenig führten, wie mein Vater es getan hatte. So war ich es gewohnt, so war es mir vertraut. Ich genoss jene Führungskräfte, die mich tun ließen, was ich für richtig hielt. Und als Chef mochte und mag ich jene Mitarbeiter am liebsten, die wissen, was sie zu tun haben, denen ich vertrauen kann.

Käseglocke

Der behütende und beschützende Erziehungs- und Führungsstil wölbt sich wie eine Käseglocke über Kinder oder Mitarbeiter.

Dieser Stil kann sich geradezu lähmend auf die „Geführten" auswirken. Allzu behütender Umgang macht müde.

Beispiel: In einem Seminar spielten wir eine Szene aus einem Betrieb nach. Eine Chefin schilderte ihr Problem, ihre Leute wären so wenig leistungsbereit. Ich bat die Teilnehmer, ihr Personal zu spielen, indem sie einfach zuhören und reagieren sollten. Dann befragte ich die Chefin nach ihrem wichtigsten Ziel im Betrieb. Antwort: „Dass es allen gut geht!" Schlagartig fielen alle Teilnehmer in eine tiefe Müdigkeit, streckten die Beine von sich und versanken in ihren Stühlen. Einige gähnten, die meisten wandten sich ab.

Wollen Mitarbeiter, dass sich ihre Chefs um ihr Wohlergehen kümmern? Verletzt diese Absicht nicht bereits die Grenze der Selbstverantwortung? Nicht in ihrem Mensch-Sein wollen Mitarbeiter geführt werden, sondern in ihrem Mitarbeiter-Sein! Dies ist ein feiner, aber wesentlicher Unterschied! Im Mensch-Sein lebt jeder nach eigenen „Gesetzen", als Mitarbeiter will man Orientierung durch Führung und Betriebskultur. „Lieber Chef, wer mich als Mensch führt, suche ich mir selbst aus!"
In einem „Käseglocken-Klima" verliert sich die Eigenverantwortung und mit ihr auch Motivation, Kreativität und Fortschritt. Betriebsräte haben keine Aufgaben mehr.

Ich habe sogar erlebt, dass in „Käseglocken-Firmen" Betriebsräte gegen ihren Chef kampagnisierten und ihn absetzen wollten. Warum, wenn doch alles so geschützt und wohlbehütet ablief? Der Betriebsrat sah sich seiner ureigenen Funktion beraubt.

Wer mit diesem Erziehungsstil groß wurde, hat sich vermutlich noch nicht viele blaue Flecken geholt und geht mit einer gewissen Unvoreingenommenheit in die Welt hinaus. Allerdings muss er lernen, gesellschaftliche Bedingungen, Anforderungen und Grenzen anzuerkennen und mit ihnen umzugehen.

Kinder als verlängerter Arm der Eltern

Dieser Führungsstil zeigt sich in seinen Varianten in allen bereits genannten Stilen.

Kinder, die ihren Eltern zur persönlichen Bestätigung dienen, quasi ein Teil ihrer selbst – ihr verlängerter Arm – sein müssen, bauen ein gespaltenes Weltbild und Selbstbild auf.

Diese Eltern neigten dazu, sich zu sehr mit ihrem Kind zu identifizieren („*Wir* haben morgen Mathe-Schularbeit") und grenzten sich nicht deutlich ab. Dadurch ist es schwierig für die Kinder, Menschen als Wesen wahrzunehmen, die Grenzen und Bedürfnisse haben. Andererseits erkennen sie auch ihre eigene Identität schwer. Wo fange *ich* an und wo höre *ich* auf?

Beispiel: Ein Kind erlebt Eltern, die ständig ihre eigenen Bedürfnisse zurückstecken, um diesen großen Schatz – ihr Kind – zu befriedigen. Dieses Kind lebt gleichsam mit Schauspielern zusammen, nicht mit Menschen. Oft tauchen im sozialen Kontakt Probleme auf, da dieses Kind bisher noch nicht an menschliche Grenzen gestoßen war.

In der populärpädagogischen Literatur wird bereits von „kindlichen Tyrannen" gesprochen (vergleiche Michael Winterhoff, „Warum unsere Kinder Tyrannen werden" oder „Tyrannen müssen nicht sein", Gütersloh, 2009).

Oder das Kind wird zu Tode (seiner Lebensfreude) gefördert, ohne ihm Raum und Zeit zu geben, seine Erfahrungen zu verarbeiten oder über seine eigenen Wünsche und Ambitionen nachzudenken. Es meint, ohne sich dessen bewusst zu sein: „Ich darf doch meine Eltern nicht enttäuschen, die freuen sich doch so, wenn sie über mich und meine (grandiosen) Leistungen reden können."

Das Lernfeld für Menschen, die als verlängerter Arm groß wurden, liegt in der Akzeptanz von Grenzen und in

der Entwicklung der eigenen Grenzen gegenüber den vereinnahmenden Eltern.

Yes, we can!

Ein motivierender Erziehungsstil, der dir suggeriert „Wir schaffen das!" und „Du schaffst es!", wirkt sich sehr leistungsfördernd auf die Haltung des Kindes und des Erwachsenen aus.

Das Kind wächst in einem Klima des Vertrauens und der Sicherheit auf und entwickelt Selbstvertrauen und Selbstsicherheit.

Es lohnt sich allerdings zu überprüfen, ob ausschließlich Leistung und Leistungsbereitschaft hochgehalten wurden. Musste oder muss für Tüchtigkeit und Erfolg ein Preis bezahlt werden, zum Beispiel der Preis des Genusses, der Unbeschwertheit, der Leichtigkeit oder gar der Gesundheit? Übermotivierte Menschen kämpfen gegen die Angst des Versagens oder sind durch die einseitige Leistungsorientierung blind für andere Werte. Für sie könnte die Stimme ihres „inneren Schweinehundes" die richtige sein! Untersuchungen haben erwiesen, dass es eine Wechselbeziehung zwischen Führung (Erziehung) und Entwicklung der Intelligenz gibt: Jene Kinder, die hauptsächlich gelobt wurden, erreichten die höchsten Intelligenzwerte; jene, die hauptsächlich gerügt wurden, folgten diesen; jene aber, die kaum beachtet wurden, schnitten bei den Intelligenztests am schlechtesten ab.

Es ist egal, wie du deine Kinder erziehst, sie lernen ohnehin nur an deinem Beispiel.

Auch wenn wir erschrecken, müssen wir feststellen, dass diese Aussage einen wahren Kern enthält! Ebenso verhält es sich mit uns, auch wir lernten am Beispiel unserer Eltern und Erziehenden, auch wir führen, wie wir geführt wurden.

Deshalb ist die Auseinandersetzung mit den Erfahrungen unserer Kindheit wichtig. Denn unser ureigener Führungsstil ist beeinflusst von unserem „Geführt-worden-Sein".

In der Krise

Besonders wirksam, weil geradezu reflexartig auftretend, zeigt sich der grundgelegte Führungsstil in Krisensituationen.

Dr. Linda Pelzmann, Wirtschaftspsychologin an der Universität Klagenfurt, unterscheidet in ihren Forschungen das „Schönwetter-Führen" vom „Schlechtwetter-Führen". Bei „Schönwetter" gibt es keine Probleme, keinen Stress und keine Krise. Der Chef zeigt sich von seiner besten Seite. „Schlechtwetter" im Unternehmen besagt, dass ein „starker Gegenwind" bläst, man sich „warm anziehen" muss, kurz: eine Krise zu bewältigen ist.

Besonders interessierte sich Pelzmann für das Führen in „Schlechtwetterperioden", jenes Führen also, das in akuten Krisen, in höchstem Stress, bei schwierigsten Bedingungen sichtbar wird. Die Ergebnisse ihrer Forschungen waren einigermaßen ernüchternd:

Jede – noch so kluge, gebildete und reflektierte – Führungskraft kippt in der Krise in die Kindheit zurück; sie regrediert.

Sie wendet also genau jene Muster an, die sie in der Kindheit gelernt hatte, die sie geprägt hatten und bis heute wie ein Programm ablaufen, wenn die Situation „gefährlich" wird. Das Prägendste wird abgerufen. Es ist also unsere wichtigste Ressource! Dieses Krisenprogramm muss nicht zwangsläufig negativ sein. Sollte es jedoch das einzige zur Verfügung stehende Muster sein, verengt sich der Handlungsspielraum auf Kosten weiterer kreativer Lösungen.

Im Stress steuern uns Instinkte und Reflexe.

Neben den während der Kindheit programmierten Reflexen werden noch ältere Instinkte aktiv. Flee, freeze or fight: Fliehen, Einfrieren im Sinne von Tot-stellen oder Ignorieren oder Kämpfen sind die allerersten instinktgesteuerten Reaktionen, die wir aus dem Tierreich kennen und die auch wir un-bewusst einsetzen, um eine gefährliche Situation zu überstehen.

Ein Beispiel aus Amerika zeigt, wie diese Mechanismen wirksam werden können: Führungskräfte wurden in ein Testlabor eingeladen, ein Projekt auszuarbeiten. Plötzlich begann eine rote Alarmlampe zu blinken. Die Manager zeigten keine Reaktion.
Als man sie schließlich fragte, warum sie nicht darauf reagiert hätten, verleugneten sie, jemals ein Licht gesehen zu haben: Es hätte niemals eine rote Lampe geleuchtet, behaupteten sie felsenfest! Sie blendeten in ihrem Stressmuster den Alarm einfach aus, „weil nicht sein kann, was nicht sein darf". Freeze ...

Meinen Führungsstil „veredeln"

Kennen Sie die Arbeit des Veredelns, des Pfälzens, wie der Gärtner sagt, wenn er eine Obstsorte mit einer weiteren mischt und so eine neue Sorte entstehen lässt?

Wenn der Gärtner einen Apfelbaum pfälzen will, sucht er sich einen guten, kräftigen Baum – einen Grundstock. Er wählt eine weitere Apfelsorte, die er mit dem Grundstock mischen möchte. Wenn seine Wahl getroffen ist, schneidet er von der neuen Sorte einen Ast ab und verbindet ihn mit einem Ast des Grundstocks – er veredelt den Grundstock mit einer anderen Sorte.

Mit dieser Metapher lässt sich die Entwicklung des eigenen Führungsstils vergleichen: Der Grundstock ist vorgegeben, durch das „Veredeln" entsteht das Neue, das Eigene.

Es ist wichtig, seine prägenden „Urmuster", seinen Grundstock, zu kennen. Denn sie sind wie der Baum, den wir pfälzen: Wir bleiben unser Leben lang eine säuerliche Apfelsorte oder eine süße Birne – vor allem in der Krise. Unsere Ursorten oder unser Grundstock sind so stark, dass sie dem Verstand nicht – oder nur bedingt – unterliegen, sondern un-bewusst aktiviert werden. Dennoch: So wie der „innere Gärtner" seinen Obstbaum veredelt, so können wir auch von einem „inneren Baumeister" sprechen, der unser neues Haus baut.

Die uralten und ureigenen Führungserfahrungen sind das Fundament. Das Haus, das darauf gebaut wird, ist das Produkt unseres Willens. Hier kann der „innere Baumeister" eigene Ideen, erworbenes Wissen und Erfahrungen einfließen lassen und dem Gesamtstil die persönliche Note geben. Frau Pelzmann entwickelte ein *Testlabor für Krisensituationen* und unterstützte so die Teilnehmer beim Bauen ihres neuen Hauses: Ähnlich wie Piloten im Flugsimulator das Führen ihrer Maschine in gefährlichen Stresssituationen üben, können auch Manager im Testlabor angemessenes Krisenverhalten trainieren. Durch Erkenntnis, aber vor allem durch praktisches – körperliches – Ausführen und mehrmaliges Üben verfestigt und verinnerlicht sich ein neues Muster, das schließlich bewusst eingesetzt werden kann. Der Apfelbaum wurde veredelt oder ein neuer Raum auf die Grundfeste gebaut!

Nur was körperlich ausprobiert und erlernt wurde, sitzt tatsächlich, rein intellektuell Erlerntes ist in der Krise wie weggeblasen!

Wenn Sie sich fragen: „Welche Stressmuster werden bei

mir in der Krise aktiv?", können Sie sofort risikofrei neue Handlungsmöglichkeiten ausprobieren!

Der jähzornige Typus kann Atemübungen machen, der Schüchterne kann sich bei der nächsten öffentlichen Veranstaltung bewusst zu Wort melden und der Harmonisierer kann sich im Nein-sagen üben. Wer es wagt, im Kleinen über den eigenen Schatten zu springen, eröffnet sich neue Handlungsspielräume, die ihm auch als Führungskraft dienlich sind!

Mein Leben führen

An unserer Art, unser Leben zu führen, offenbart sich unser persönlicher Führungsstil.

In vielen Gesprächen mit Menschen und jahrelangen Beobachtungen sind mir folgende Stile am deutlichsten aufgefallen:

Der Glücksschmied

Der Glücksschmied lebt nach dem Motto: „Jeder ist seines Glückes Schmied."

Er nimmt sein Leben regelrecht in die Hand, ist selbsttätig und steuert aktiv sein Schicksal. Glücksschmiede nutzen die Kraft positiver Gedanken, lenken ihre Aufmerksamkeit auf den Erfolg und glauben fest an die eigenen Gestaltungskräfte.

Sie bauen ihre Zukunft selbst. Visionen eines gelingenden Lebens, einer glücklichen Partnerschaft oder eines erfolgreichen Unternehmens helfen ihnen dabei. Visionen beschreiben in deutlichen Bildern ihre Wünsche. Und wie wir wissen: Der Glaube versetzt Berge! Auf diesem Wege können Glücksschmiede viele ihrer Ziele umsetzen. „Darum überlege gut", warnen viele Glücksschmied-Trainer, „was du dir wünschst, es könnte Wahrheit werden."

Dieser Lebensstil hat viele Vorzüge, birgt aber folgende Gefahr: Wer sich zu sehr in seine positiven Bilder und positiven Gedanken verkrallt, verliert den Blick für die Realität. Er kontrolliert ständig seine Einstellung und seine Gedanken auf ihren positiven Grundton hin, aus Angst, sich in einer weniger rosaroten Welt nicht zurechtzufinden. Darum ist es sinnvoll, sich zwischendurch die Frage zu stellen, wie die Schattenseiten meiner Arbeit, meiner Beziehung, meines Selbst aussehen. Das tut nicht weh und bringt Realität ins Leben.

Den Zugang der Familientherapeutin Virginia Satir, sich mit allen seinen inneren Anteilen (den sogenannten positiven ebenso wie den sogenannten negativen) auseinanderzusetzen und sie anzunehmen, empfinde ich als wichtige Ergänzung zum Glücksschmied. In ihrem „Bekenntnis zur Selbstachtung" sagt sie: „Weil alles an mir mir gehört, kann ich mich mit allem völlig vertraut machen ... liebevoll und freundlich."

Der Unglücksschmied

Es kann aber auch sein, dass man von negativen Glaubenssätzen geleitet wird und einem un-bewussten negativen Bild seiner Zukunft folgt. Wer immer dem Glauben nachhängt: „Ich schaffe ohnehin nicht so viel wie alle anderen!", wird irgendwann unglücklich in einem Beruf stecken, der ihn maßlos unter- oder überfordert. Auch der Unglücksschmied kann mit dem „Bekenntnis zur Selbstachtung" heilsam für sich selbst sorgen! Es lehrt ihn, zufrieden mit sich und seinem Können zu sein und sich nicht ständig im Vergleich zu sehen.

Viele Mentaltechniken und methodische Schulen beschäftigen sich mit der Frage: „Welche Glaubenssätze leiten mich?" Im Verfahren des neurolinguistischen Programmierens beispielsweise wird der Klient dazu geführt, sich dieser Glaubenssätze bewusst zu werden, sie wenn nötig umzuformulieren und sich neu zu programmieren.

Wie es kommt, so kommt es eben

Diese Menschen ordnen sich einer höheren oder zumindest anderen Macht – Gott oder dem Zufall – unter und aktivieren ihre Selbsttätigkeit nur selten. Sie leben nach dem Motto: „Wie's kommt, so kommt's!"
Wer sein Leben auf diese Weise führt, kann sich die Frage stellen: Schöpfe ich aus meinem vollen Potenzial?
Vielleicht gibt es noch Möglichkeiten, die nicht einfach vom Alltag eingestreut werden, aber dennoch das Leben bereichern könnten! Möchte ich noch eine Sprache erlernen oder endlich zu rauchen aufhören oder die Beziehung zu ... endlich selbst in die Hand nehmen und klären?
Bewundernswert ist die Einstellung „Wie es kommt, so ist es recht" bei Menschen, die im vollen Vertrauen zu sich selbst, den anderen und Gott ihr Leben führen.
Dieses tiefe Vertrauen zu erreichen ist einerseits ein Geschenk: Manche Menschen durften in ihrer Kindheit ein großes Maß an Urvertrauen entwickeln. Andererseits ist es Reifungsarbeit und Lebensaufgabe schlechthin, immer mehr zu vertrauen!

Der innere Lebensauftrag

Auch eine innere Mission kann uns leiten. Manche Menschen fühlen sich berufen, anderen zu helfen, andere zu unterrichten, mit einem Produkt andere Menschen zu erfreuen et cetera. Eine Mission wirkt wie ein Lebensauftrag, dem wir nachkommen (müssen). Es ist sinnvoll, sich bewusst zu werden, welche Mission uns im Leben antreibt!

Meine Mission lautet zum Beispiel: „Ich möchte Menschen spüren lassen, dass es Gott gibt, und sie zu einer liebevol-

len Gottesbeziehung begleiten, wenn sie das wollen." Der Nachsatz lautet: „Erkenne dich selbst und du wirst Gott erkennen."

Oft können wir unsere innere Mission gut in den Alltag integrieren, privat wie beruflich. Doch manchmal liegt der eine oder andere Teil unserer Lebensrealität völlig daneben. Wir möchten beispielsweise mithilfe unserer Kreativität Menschen erfreuen, haben aber einen trockenen Buchhaltungsjob gewählt. So entwickelt sich im Lauf der Zeit das Gefühl, wir müssten unser Innerstes ständig verleugnen, um den Arbeitsalltag zu überstehen: „Love it, leave it or change it!", sagt uns eine Beraterweisheit. Liebe deine Arbeit, wenn nicht, sieh, ob du sie oder dich – nämlich deine Einstellung – ändern kannst, sodass du zufrieden bist, und wenn nicht, verlasse sie!
Manchmal wirkt ein innerer Lebensauftrag zwanghaft und wir haben das Gefühl, keine Wahl zu haben, manchmal erfüllen wir auch „fremde Aufträge" für unsere Eltern oder Großeltern und geben sie womöglich an unsere Kinder weiter. So könnte ein fremder Auftrag lauten: „Du musst in jenem Beruf arbeiten, den deine Mutter sich ersehnt hätte."

Aus dem Bauch leben

Für manche Menschen wiederum zählt mehr ihr Bauchgefühl. Sie führen ihr Leben eher intuitiv und spontan und folgen einem starken Momentum. Leider stimmt die Regel „Der Bauch lügt nie" nicht immer. Eine gut entwickelte Intuition lügt zwar tatsächlich immer seltener, aber auf dem Weg dorthin empfiehlt es sich, auch Kopf und Herz nach ihrer „Meinung" zu fragen.

Ich schreibe täglich Tagebuch und kann auf diese Weise langfristig die Richtigkeit meines Bauchgefühls überprüfen – und es wird immer vertrauenswürdiger!

In die Irre geführt

Unsere Entscheidungen sind auch von un-bewussten Bedürfnissen beeinflusst. Wenn wir unsere Antreiber aus dem Un-bewusstsein in das Bewusstsein holen, haben wir die Chance zu erkennen, wie und wodurch wir *ver-führ-bar* sind: vielleicht durch die Verlockungen der Macht, des Reichtums, der Anerkennung?

Viele äußere Einsager oder innere, manchmal un-bewusste Instanzen wie Schuldgefühle, Schamgefühle, Spötter oder Abwerter („Wie solltest du das schaffen?!") in unserem Leben können uns in die Irre führen. Wir verlieren Klarheit und persönliche Führungskompetenz. Menschen erzählen oft von Ansprüchen, die sie hetzen und immer höher, weiter, schneller treiben. Manchmal tut es gut, innezuhalten und zu überprüfen: Wer hat die innere Führung übernommen? Will ich das wirklich?

Als ich ein kleiner Junge war, suchte man zu Hause auf dem Bauernhof nach unserer räudigen Katze, um sie zu töten. Da ich am besten mit ihr umgehen konnte, schaffte ich es als Einziger, sie aus ihrem Versteck zu locken. Ich war stolz auf mich. Endlich konnte ich als eher schwächlicher Junge beweisen, dass ich auch zu etwas tauge.

Erst Jahre später wurde mir bewusst, was mich zu dieser Tat ver-führte, die ich mein ganzes Leben bereuen sollte: Warum wurde ich für den „Mord an der Katze" zum Mittäter? Es war das Bedürfnis nach Aufwertung meines Selbstwertes und meines Ranges auf dem Bauernhof.

Für manche wirken Schuldzuweisungen oder Spott und Hohn wie falsche Hinweisschilder, die sie vom ursprünglichen eigenen Weg abbringen.

Eine Seminarteilnehmerin erzählte: „Eigentlich wollte ich studieren, in eine fremde Stadt ziehen und mein eigenes Leben

leben. Meine Mutter hatte mich in dieser Zeit immer darauf hingewiesen, dass ich es nicht einmal schaffe, meine Aufgaben im elterlichen Haushalt und mein Leben hier in Ordnung zu halten. Wie sollte ich mich in einem Studium bewähren? Letztlich glaubte ich ihr und ließ mich durch diese Schuldzuweisungen und Verhöhnungen von meinem eigenen Weg abbringen. Eine Entscheidung, die ich bis heute bereue."

Mut zu sich selbst

Welche Mechanismen sind es wohl, die Menschen dazu bringen, hart und lieblos zu sich selbst zu sein und sich in die Irre führen zu lassen? Oft sind es Ängste, die uns verbittern und an der Entwicklung hindern; Ängste, die einem schwachen Selbstwertgefühl entspringen.

Sie sind mannigfaltig gestaltet und jeder Mensch kennt welche! Angst vor dem Versagen, Angst vor Erfolg ebenso wie vor Misserfolg, Angst vor Fehlern, Angst vor Konflikten, Angst davor, anderen zu unterliegen, oder auch die Angst, andere zu verdrängen, Angst davor, nicht gut genug zu sein, oder auch Angst davor, zu gut zu sein, und so weiter. Die Liste ist bei weitem nicht vollständig und der Mensch ist offensichtlich sehr kreativ darin, alle möglichen (und unmöglichen) Ängste zu entwickeln.

Doch dort, wo die Angst sitzt, genau dort ist das Tor zu Ihrem nächsten Entwicklungsschritt!

Also stellen Sie sich Ihrer Angst, holen Sie sie hervor und schauen Sie ihr ins Gesicht! Sie werden sehen, dass die meisten Ängste in dem Moment schrumpfen, in dem Sie sie „ins Visier nehmen", in das Bewusstsein holen!

Erleben Sie Ihre Angst als sportliche Aufgabe und spucken Sie in die Hände. Sie ist Ihre Herausforderung, Ihr nächster magischer Schritt zu einer wachsenden Persönlichkeit – um mehr und mehr der zu werden, der Sie sind!

Haben Sie den Mut, zu sich zu stehen, und tun Sie sich selbst etwas Gutes! Stellen Sie sich die Frage: Was braucht mein Selbstwert, um *jetzt* wachsen zu können? Die große Aufgabe von uns Menschen besteht ja darin, mit uns selbst – mit allem, was zu uns gehört – liebevoll und förderlich umzugehen.

Die Haltung zu sich selbst wirkt auf die Außenwelt mehr als alles andere, mehr als Verhaltenstipps oder Regeln, mehr als Wort und Tat, mehr als Bildung und Titel ...

2. Kapitel

Der erste Schritt entscheidet

Bei einem Seminar für Führungskräfte war ich eingeladen, über Organisationsaufstellungen zu referieren. Die anschließende Diskussion zeigte mir deutlich, dass den meisten Führungskräften schon bei ihrer Einsetzung Fehler passierten, unter denen sie zum Teil heute noch – Monate und Jahre später – leiden! Beim Nach-Hause-Fahren wurde in mir die Idee geboren, ein Buch zu diesem Thema zu schreiben und ihm den Titel „Inthronisation" (vergleiche Höglinger, Linz, 2004) zu geben. Interessierte Leser können sich in diesem Buch über nähere Details informieren, hier will ich die wichtigsten Informationen für den ersten Schritt in die Führungsebene zusammenfassen.

Der erste Schritt in die Führungsaufgabe entscheidet über Qualität und Wirksamkeit der weiteren Führungsarbeit. Es sind nur ein paar Regeln, aber sie können vieles erleichtern! In der Folge sind die wesentlichsten Punkte einer geglückten Einsetzung (Inthronisation) zusammengefasst. Doch vor dem ersten Schritt in die Führungsetage bedenken Sie bitte Folgendes:

Will ich wirklich führen?

Sich auszukennen schafft Sicherheit. Ein paar wichtige Richtlinien zu beachten, wenn man vom Mitarbeiterstatus zur Führungskraft wechselt, kann die Lust am Führen fördern, weil man sich „leere Kilometer" erspart. Doch auch korrekte „Gesetzestreue" und Regelkonformität schaffen nicht die Kraft, die ein Mensch besitzt, ausstrahlt und weitergibt, der seine Führungsaufgabe *gerne* macht!

Führung annehmen bedeutet zunächst eine große Freude! Der erwählte Bewerber sagt sich: „Es erfüllt mich mit Vorfreude und Eifer, künftig Führungsaufgaben übernehmen zu dürfen."

Wer sich nicht freut, sollte noch einmal in sich gehen, ob Führung tatsächlich eine lohnende und zu seinem Wesen passende Aufgabe ist, denn:

Leiten kann man lernen – Führen muss man wollen! Und im Wollen steckt die Kraft – die Führungskraft!

Frauen an die Macht!

Wenn ein Führungsjob ausgeschrieben wird und im Anforderungsprofil fünf Kriterien formuliert sind, gehen Männer und Frauen unterschiedlich an dieses Thema heran. Ein Mann sagt sich: „Na ja, von den fünf Kriterien beherrsche ich zwei gut, eines halbwegs, und die restlichen werde ich schon erlernen!" Eine Frau sagt sich: „Schade, ich beherrsche nur vier Kriterien, ich kann mich leider nicht bewerben!"

Auf diese Art gehen den Personalbüros viele Bewerberinnen verloren! Ich fand es immer sehr schade, dass ich als Personalchef nicht mehr Auswahl an Bewerberinnen hatte!

Darum rate ich den Frauen, sich auch dann zu bewerben, wenn sie sich nur drei von fünf Kriterien tatsächlich zutrauen.

Schließen Sie mit den Personalchefs eine Vereinbarung ab, wie Sie sich die restlichen Anforderungen noch erwerben könnten! Haben Sie den Mut, nicht perfekt zu sein!

Zeit zum Führen schaffen

Führung annehmen bedeutet weiters, *Rahmenbedingungen* zu schaffen, die zu dieser umfassenden Aufgabe passen. Wer bisher mit Fachaufgaben eingedeckt war, wird nun merken, dass er sich *Zeit und Raum* schaffen muss, um tatsächlich seine Führungsaufgaben zu erfüllen.
Fühle ich mich durch Mitarbeiter, die an meine Tür klopfen, gestört? Habe ich das Gefühl, sie halten mich von meiner „eigentlichen" Arbeit ab? Wenn ja, sind die Rahmenbedingungen unbedingt zu verändern und das Verhältnis der Fach- zu den Führungsaufgaben zugunsten der Führungsaufgaben zu verlagern!

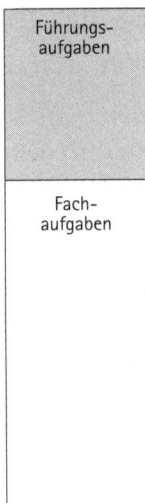

Ja, ich will! Ich habe die Entscheidung getroffen: Ja, ich will Führungsaufgaben übernehmen!

Nun gilt es, die Regeln der Inthronisation zu beachten. Eine Firma ist eine Organisation, die wie eine große Familie oder eine kleine Gesellschaft systemischen Ordnungen und Regeln unterworfen ist.

Es empfiehlt sich, diese einzuhalten. So kann man seinen Mitarbeitern Sicherheit und Orientierung geben und diffuse Unbehaglichkeiten, die sich oft als Widerstand äußern, vermeiden.

Aus den eigenen Reihen

Wenn ich meine Führungsposition als interner Mitarbeiter erreicht habe, gleichsam aus den eigenen Reihen komme, gelten die *Regeln der internen Besetzung*:

Rangordnung des Dienstalters:
„Die Alten vor den Jungen"

Alle Dienstälteren müssen bei der Personalauswahl zuallererst berücksichtigt werden. Falls diese nicht informiert oder um ihre Bewerbung gebeten wurden, kann es zu massiven Kränkungen kommen, die das Arbeitsklima nachhaltig belasten können. Wenn die Personalentscheidung dieser Rangordnung *nicht* entspricht – was natürlich möglich ist –, dann muss die Entscheidung für die Älteren nachvollziehbar kommuniziert werden.

Wurden diese Inthronisationsregeln nicht befolgt, so muss der neue Chef Möglichkeiten schaffen, die Ordnung wiederherzustellen. Das kann in den „Adoptionsgesprächen" mit den Mitarbeitern (die in der Folge näher erläutert werden) geschehen. In diesen geht es ums Beschnuppern, um Klärung, Richtung und Gefolgschaft.

Auch mit den Alten, die laut Rangordnung zum Zuge hätten kommen müssen, ist zu reden! Die Bitte um Gefolgschaft: „Kann ich mit Ihrer Mitarbeit rechnen?" macht die neue Realität deutlich und schafft Verbindlichkeit. Anerkennung für die bisher erbrachten Leistungen rückt ihre Verdienste ins rechte Licht.

Alte Freunde?

Gerade bei internen Besetzungen kommt es vor, dass sich bisherige Kollegen, die einander freundschaftlich verbunden sind, plötzlich als Chef und Mitarbeiter gegenüberstehen. So schmerzhaft dies auch sein mag, Führung und Freundschaft passen jedoch nicht zusammen! Die Führungskraft muss tatsächlich in einem offenen Gespräch die Freundschaft für die Dauer der Zusammenarbeit einfrieren oder aufkündigen.

Von außen kommend

Ist die Besetzung extern erfolgt, gilt für die neue Führungskraft das Gesetz des *„Sich-Einreihens"*. Der Neue muss „von hinten führen": muss nachfragen, wie die Dinge bisher geregelt wurden, muss sich Zeit lassen mit Neuerungen, muss das Alte – die Kultur des Unternehmens – würdigen. Nach den Inthronisationsregeln haben die Dienstälteren Vorrang gegenüber den Dienstjüngeren und die Internen Vorrang gegenüber den Externen. Wer dennoch eine andere Entscheidung trifft, muss einen guten Grund vorweisen können und diesen auch offen darlegen.

„Adoption" der Belegschaft

Führung bedeutet, seine „Kinder", sprich: seine Belegschaft, zu „adoptieren". So wie die scheidende Führungskraft sich von ihren „Kindern", verabschieden muss, die Verbindungen trennen muss, gilt für die neue Führung ein weiteres wichtiges Gesetz der Inthronisation – die „Adoption" der Belegschaft.

Führen bedeutet eine Richtung weisen und Gefolgschaft bekommen. Sie erinnern sich?

Nun geht es darum, jeden Mitarbeiter einzuweihen in die Pläne, die man als neuer Chef mit Betrieb und Belegschaft hat.

In Mitarbeitergesprächen wird die Richtung gewiesen und Gefolgschaft sichergestellt: „Das habe ich vor. Kann ich mit Ihrer Mitarbeit rechnen?" Bei einem Ja ist die „Adoption" positiv erledigt, ein Band zwischen Führung und Mitarbeitern wurde geknüpft.

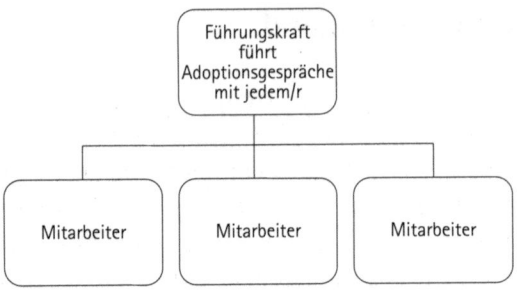

und knüpft dadurch die nötige Verbindung

Gibt es „Altlasten", wie alte Kränkungen, Verstrickungen oder enge Verbindungen zu scheidenden Führungskräften oder Mitarbeitern?

Diese „Altlasten" beschäftigen die Mitarbeiter. In den „Adoptionsgesprächen" bekommen sie den nötigen Raum und können schließlich abgeschlossen werden. Dadurch verlieren sie ihre ablenkende und/oder belastende Wirkung auf die Organisation.

Beispiel: Nach einem Führungswechsel in einer Tischlerei kommt es zu Problemen mit der „Gefolgschaft". Der Juniorchef führte eine Mitarbeiterbefragung durch und musste erkennen, dass 80 % der Belegschaft zwar hinter dem Betrieb stehen, jedoch nur 30 % auch hinter dem Juniorchef. Der Rest hielt zum Seniorchef.

Das Band zum Alten war noch aufrecht, der Junge hatte noch nicht „adoptiert". Er holte dies nun nach. In den Mitarbeitergesprächen wurde ihm mitgeteilt, beim Seniorchef hätte man sich ausgekannt. Aber jetzt …

Ergebnis: Die meisten fühlten sich durch den neuen „spirituellen" Führungsstil des Juniorchefs irritiert und wollten dem nicht Folge leisten.

Er war also gefordert, klare Aussagen zur Richtung zu machen. Außerdem musste er abwägen, ob ihm die „spirituelle Gefolgschaft" tatsächlich so wichtig wäre oder ob er die weltanschaulichen Grenzen seiner Mitarbeiter akzeptieren sollte.

Ein weiteres Beispiel demonstriert, wie wichtig es ist, die alte Führung loszulassen und die neue anzunehmen. Der alte Chef einer Bank wollte seine „Kinder" nicht loslassen. Er richtete einen Stammtisch ein, an dem seine „verflossenen" Mitarbeiter regelmäßig zusammenkamen und erzählten, was sich so ereignete in ihrem Berufsalltag. Er kommentierte diese Ereignisse, gab „seinen Senf" dazu und erteilte gute Ratschläge. So hielt er die Verbindung aufrecht und das Band zwischen ihm und seinen Mitarbeitern konnte nicht getrennt werden.

Was also muss der Neue tun?

Die Verabschiedung des Alten muss erfolgen, zum Beispiel indem für ihn eine Ehrenfeierlichkeit organisiert wird, bei der er sich in aller Form und Würde von seinen Leuten verabschieden kann oder wenn nötig auch „ausschleimen" kann. Außerdem muss der Neue überprüfen, ob bei den „Adoptionsgesprächen" tatsächlich alle „Altlasten" entsorgt wurden.

Führung annehmen bedeutet: eine Antrittsrede halten und die Mitarbeiter mit den Neueinführungen konfrontieren.

Wenn keine „Regierungserklärung" abgegeben wird, gelten alle alten Regeln, Anforderungen und Arbeitsweisen.

Wer extern einsteigt, braucht meist Zeit für sich und den Betrieb oder die Abteilung. Während dieser „Einreihungsphase" gelten die alten Spielregeln.

3. Kapitel

Führen muss man wollen

Wenn sich angehende Führungskräfte bei mir bewerben, stelle ich sehr direkt die Frage: „Wollen Sie wirklich führen?" Kommt als Antwort ein spontanes, eindeutiges „Ja!", bin ich zufrieden. Zögert der Bewerber und sagt: „Wenn's sonst niemand macht" oder: „Eigentlich wollte ich ja gar nicht, aber bevor es Herr XY macht, mache lieber ich es!", so hinterfrage ich genauer, welche Führungsambitionen wirklich vorhanden sind, denn:

Leiten kann man lernen – Führen muss man wollen!

Leiten bedeutet: eine Sitzung leiten, moderieren, ein Budget erstellen, einen Organisationsplan erarbeiten und so weiter. Führen meint: eine Abteilung oder ein Unternehmen voranbringen, entwickeln, Mitarbeiter motivieren, Entscheidungen treffen, Visionen haben et cetera. Führen braucht mehr Impulsenergie, mehr Willen, mehr Kraft!

Wie aber führe ich richtig, wie führe ich verantwortungsvoll und vor allem wie führe ich mit Lust und Leidenschaft? Wie kann ich Vertrauen und Sicherheit vermitteln, sodass die Mitarbeiter sich gerne führen lassen?

Dieses Kapitel gibt einen Einblick in weitere Grundlagen für gelingendes Führen. In den Kapiteln 4–7 gehen wir noch ein paar Schritte weiter, sodass wir zu einer Meisterklasse des Führens gelangen.

Also lassen Sie uns zunächst einen Blick werfen auf *Richtlinien für gelingendes Führen*:

Wohin wir gehen

Führung bedeutet: eine Richtung vorgeben, Direktiven geben – und Gefolgschaft bekommen. Eine Führungskraft ist Vorbild, die Mitarbeiter beobachten sie und folgen ihr. Stärker noch als ihren Worten folgen sie ihrem Tun.

Denn ähnlich wie bei Kindern kommt auch im Berufsleben die Alltagsweisheit zum Ausdruck: Zu erziehen ist vergebene Liebesmüh, gefolgt wird ohnehin dem vorgelebten Beispiel.

Die Mitarbeiter folgen also dem vorgelebten Tun mehr als dem gesprochenen Wort. Das Vor-bild ist wirksamer als das Vor-sagen. Eine Führungskraft beispielsweise, die Pünktlichkeit vor-sagt und verlangt, aber selbst die Arbeitstermine nicht pünktlich einhält, wird bald bemerken, dass Pünktlichkeit auch unter den Mitarbeitern an Bedeutung verliert.

In meinen Vorträgen demonstriere ich dies gerne an folgendem Beispiel:

Ich bitte einen Freiwilligen auf die Bühne, erkläre ihm, was ich vorhabe: eine Runde um das Rednerpult zu gehen **(Richtung weisen)***. Dabei deute ich mit meiner Hand nach rechts.*

Nun frage ich, ob er mitkommen wolle **(Gefolgschaft bekommen)***. Es kommt schon mal vor, dass jemand skeptisch bleibt und verneint, die Gefolgschaft ablehnt. Mitarbeit ist also nicht zu erwarten, eine weitere Zusammenarbeit (Einstellung) wäre sinnlos ...*

Die meisten allerdings akzeptieren meine Führung und **leisten Gefolgschaft***. Nun gehe ich voran,* **links***herum. Und meist folgt er mir. Nicht meine Worte wiesen die Richtung, sondern mein Tun!*

Während unseres Weges ändere ich meine Meinung und

schlage eine neue Richtung ein. Ich frage den Mitspieler:
„Ich habe eine Veränderung vor. Kommen Sie mit?"

Was diese kleine Demonstration zeigen soll

Führung bedeutet Richtung (Direktion) weisen: Ich sage, was ich vorhabe.
Aber: Nicht was gesagt wird, sondern was getan und gelebt wird, wirkt! Ich sage rechts, gehe aber linksherum und bekomme prompt Gefolgschaft.
Bei Veränderung stelle ich die entscheidende Frage: „Kommen Sie mit?" Erst ein Ja bestätigt die Gefolgschaft.
Führungskräfte allerdings, bei denen Wort und Tat selten übereinstimmen, ihre Ungereimtheiten System haben, bringen ihre Mitarbeiter in ein Dilemma. Was gilt wirklich? Eine Doublebind-Situation (das sind zwei Botschaften, die unterschiedliche Reaktionen an sich binden) entsteht, in der sich niemand mehr zurechtfindet.
Stellen Sie sich daher manchmal die Frage, ob Ihr Reden und Ihr Tun tatsächlich übereinstimmen und ob Sie eine Richtung vorgeben, die Sie wirklich möchten, die Ihren Zielen entspricht?
In *Führungsteams* kann es leicht zu Konfusionen kommen, wenn die eine Führungskraft A sagt und die andere B! Gerade in Teams ist es daher wichtig, sich sehr klar und präzise zu fragen: Stimmen unsere Richtungen überein, haben wir *ein* Leitbild oder wird es unterschiedlich interpretiert?

Beispiel: Das Leitbild eines gemeinnützigen Vereins beinhaltet folgenden Satz: „Wir helfen Menschen in Not, solange unsere finanziellen Mittel es erlauben."
Der Vereinskassier verstand darunter: „Wenn Geld da ist, helfen wir."
Der Obmann interpretierte den Satz so: „Wir helfen, wo Not

ist. Dann treiben wir das Geld dafür auf."
Dass die Verständigung über die unterschiedlichen Deutungen desselben Satzes die Organisation des Vereins erheblich verbesserte, ist selbstredend.

Führungsteams, die eine einhellige Richtung vorgeben, stärken die Weiterentwicklung ihres Unternehmens.

Ein weiteres Beispiel erlebte ich in einer mittelständischen Firma mit zwei Eigentümerfamilien. Die einen sahen den Arbeitsschwerpunkt ihrer Mitarbeiter vor allem in der hochqualifizierten Beratung. Die andere Eigentümerfamilie verfolgte die Philosophie der vollen Regale, die von den Mitarbeitern laufend gefüllt werden sollten, sodass die Kundschaft nur zuzugreifen brauchte. Der Aspekt der Kundenberatung bedeutete ihr weniger.
Solange die Entscheidung nicht klar war, stand die Entwicklung des Unternehmens. Erst als ein Konsens gefunden wurde, wehte wieder frischer Wind durch die Regale, und die Firma prosperierte.

Kommst du mit?

Führung bedeutet Gefolgschaft bekommen. Auch wenn eine neue Richtung eingeschlagen werden soll oder neue Ziele umzusetzen sind, ist die Gefolgschaft sicherzustellen: „Kommst du mit? / Kommen Sie mit?"

Neue Chefs stellen die wirkungsvolle Frage in ihren ersten Mitarbeitergesprächen: „So sehen meine Pläne aus. Kann ich mit Ihrer Mitarbeit rechnen?" Damit wird der gemeinsame Weg besiegelt, zur gemeinsamen Sache erklärt und verbindlich!

*Als der Vorstand eines großen Industrieunternehmens eine Richtungsänderung vollziehen wollte, rief er über 100 seiner Führungskräfte aus aller Welt zusammen und diskutierte die Änderungen so lange, bis **alle** sagten: „Ja, so machen wir's! Diese Änderung machen wir mit." Der Beschluss setzte einen ungeheuren Schub in Kraft, und binnen zweier Monate standen ein neuer Name, ein neues Logo, eine neue Struktur und neue Unterziele fest.*

Wenn Veränderungen nicht angesprochen werden und die Schlüsselfrage nach der Gefolgschaft nicht gestellt wird, entsteht Konfusion: Gefühle wie Verwirrung, Sich-übergangen-Fühlen, Ärger können die Folge sein.

Beispiel: Ein kleiner Friseurladen hatte anfänglich acht Parkplätze vor dem Haus, drei davon nutzten die Mitarbeiter der ersten Stunde. Mit den Jahren wuchs der Betrieb, neue Mitarbeiter wurden eingestellt, die Parkplätze wurden für die Kunden gebraucht. Doch die alten Mitarbeiter parkten nach wie vor auf ihren „Stammplätzen". Die Neuen waren sauer. Sind dies ersessene Rechte? Gelten für die Alten andere Privilegien als für die Jungen?
Wenn nicht ein neuer Vertrag mit den Alten vereinbart wurde, gelten die bisherigen Regeln. Die Veränderung (die Parkplätze nunmehr den Kunden zur Verfügung stellen zu müssen) muss angesprochen, die Gefolgschaft der Mitarbeiter (ihr Okay) sichergestellt werden. Für den Verzicht müssen die Mitarbeiter etwas bekommen – die ursprüngliche Vereinbarung war schließlich vorteilhafter für sie.

Sich als Führungskraft seiner Ziele und seiner Richtung bewusst zu sein ist eine wichtige Sache; diese laufend seinen Mitarbeitern zu kommunizieren ist ebenso wichtig; sicherzustellen, ob man Gefolgschaft bekommt, erst recht!

Beispiel: Während einer Veranstaltung in einem Betrieb ließ ich die Führungskraft vor dem Plenum die Richtung schildern. Ich gab zu bedenken:

Gesagt ist nicht gehört.

Gehört ist nicht verstanden.

Verstanden ist nicht einverstanden.

Einverstanden ist nicht umgesetzt.

Umgesetzt ist nicht beibehalten.

Nach dieser Struktur befragte ich das Plenum, was man gehört, verstanden habe, womit man einverstanden sei: „Wer einverstanden ist, stehe auf."

Erst wenn alle aufgestanden sind, kann es losgehen – wie bei einer Wandergruppe, die sich mit der Richtung ihres Wanderführers einverstanden erklärt und ihm nun vertrauensvoll folgt.

Was aber, wenn jemand nicht aufsteht? Dann fragt man nach: Warum? Was ist noch offen? Klärung ist wichtig. Mitarbeiter wollen gefragt werden, wollen ihre Meinung einbringen und Ja sagen dürfen. Wenn die Gefolgschaft geklärt ist, kommt Zuversicht auf, ein Schub macht sich bemerkbar. Es kann losgehen!

Wolken lesen

Wenn ein Bergführer in den Wolken lesen kann, weiß er, wann er die Richtung ändern oder sogar umkehren muss. Denn die Wolken sagen ihm, wie sich das Wetter entwickeln wird und ob er seine Truppe noch auf den nächsten Gipfel führen darf.

Um die Richtung, in die sich ein Unternehmen, eine Abteilung oder ein Projekt entwickeln soll, zu erkennen und anzusteuern, sind Leitbild und Unternehmensziele wichtig. Daneben beeinflussen auch der Markt und die gesellschaftlichen Rahmenbedingungen (neue Bedürfnisse der Konsumenten, verändertes Konsumverhalten, Krise oder Aufschwung – kurz: die aufziehenden Wolken) das Projekt. Sie sind wie die Wolken, die bereits aufziehen, aber Gewitter, Regen oder Schnee erst später bringen.

Es macht sich daher „bezahlt", alle Sinne wach zu halten, um rechtzeitig auf den Wetterumschwung reagieren zu können: „Trendfühler" oder „Wolkenleser" zeigen jene Entwicklungen auf, die das Unternehmen beeinflussen werden, und sind daher enorm wichtig für Richtungsentscheidungen!

Die Wolkenleser des WIFI

Zehn Führungskräfte stellten sich die Frage, wer oder was Einfluss auf das WIFI, das Wirtschaftsförderungsinstitut, habe. Anschließend wurde pro Einflussfeld (zum Beispiel Bildungspolitik) ein Teilnehmer beauftragt, dieses Feld genauestens zu beobachten. Denn man ging davon aus, dass sich Veränderungen innerhalb der Einflussfelder zeitverzögert auch auf das Unternehmen WIFI auswirken werden.

Nach regelmäßiger Berichterstattung überlegten sich die Führungskräfte, wie das WIFI darauf reagieren könnte. So beobachteten sie beispielsweise, dass Supermärkte verstärkt eigene Weiterbildungseinrichtungen aufbauten, sodass die Zahl der Weiterbildungsaufträge an das WIFI wohl sinken würde.

Erkenntnisse im Vorfeld bieten ein hohes Maß an Sicherheit.

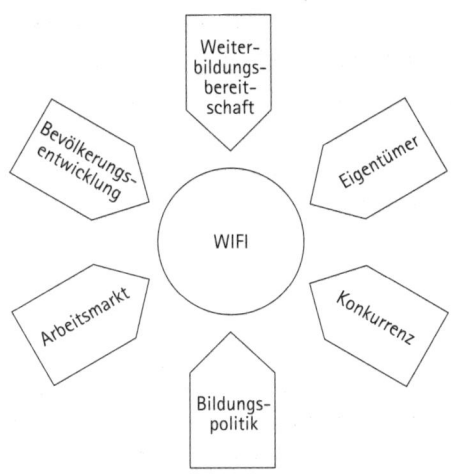

Miteinander reden

Ein System der Kommunikation kann wie eine Einbahnstraße von oben nach unten führen. Die Botschaften, Ziele und Anweisungen werden von der Leitung über die Abteilungen zur Belegschaft transportiert. Doch Führungskräfte müssen *auch* wissen, was an der Basis los ist, wie sich ihre Ziele umsetzen lassen, wie sich die Umsetzung der Ziele auf die Mitarbeiter und Kunden auswirkt, wie sich das Betriebsklima entwickelt, ob die Teams gut zusammenarbeiten können et cetera.

Noch besser ist daher ein Kommunikationssystem, das auch die umgekehrte Richtung „fährt": von unten nach oben.

Jours fixes, Strategierunden – kurz: regelmäßige und in der Unternehmenskultur verankerte Gespräche quer durch die Hierarchie – sind neben Betriebszeitungen und Intranet geeignete Instrumente der inneren Kommunikation.
Allein die *Einladungen* zu Besprechungen teilen viel darüber mit, wie gern gesehen und gehört die Mitarbeiter und

ihre Beiträge sind! Jours fixes müssen einladend gestaltet sein. Sie sollen Mitarbeitern ein Forum bieten, ihre Anliegen anzusprechen, Probleme zu schildern und – wichtig! – Lösungen vorzuschlagen.

Protokolle gewährleisten die Überprüfbarkeit. Führen Sie daher Beschwerdelisten *und* Listen mit Verbesserungsvorschlägen: „Mich stört, dass … Ich schlage daher vor, dass …

Ob Mitarbeiter die Dinge offen beim Namen nennen können, zeigt sich zum Beispiel daran, wie mutig sie zu ihren Fehlern stehen dürfen, weil sie keine Angst vor ungerechtfertigten Konsequenzen zu haben brauchen. Wenn dies in einem Unternehmen gelungen ist, ist ein wichtiger Schritt zu einer Kultur des Vertrauens getan. Doch *Offenheit* ist keine Selbstverständlichkeit, sie entsteht erst langsam.

Mitarbeiter testen un-bewusst, welches Maß an Offenheit eine Führungskraft überhaupt erträgt. Je nachdem, wie ihr Vorgesetzter reagiert, steigern oder verringern sie das Maß. Wie durch einen Spiegel zeigt das Team durch sein Verhalten, wie offen der Kommunikationsstil in der Abteilung sein darf, wie offen die Führungskraft selbst ist.

Zuhören und *Ernstnehmen* sind elementare Verhaltensweisen einer Führungskraft. Manche Chefs machen den Fehler, in Besprechungen nur ihre Botschaften auszusenden und nicht zuzuhören. Damit nehmen sie sich die Chance, das Potenzial ihrer Mitarbeiter wahrzunehmen, Rückmeldungen für getroffene Entscheidungen oder Ziele zu bekommen oder einfach nur Beziehung zuzulassen.

Feler sint erlaupt
oder: Die täglichen Lernchancen

Die Geschichte von Kurti
Einer meiner Mitarbeiter – Kurti – war Perfektionist. Bei jedem Fehler haute er sich selbst regelrecht in die Pfanne, er beschimpfte sich selbst und war am Boden zerstört. Eines Tages, in einer ebensolchen Situation, hörte ich mir eine Weile seine Schimpftiraden an, stand dann auf und holte ein Stifterl Sekt. Mit den Worten „Diesen Fehler werden wir jetzt gemeinsam feiern!" lud ich ihn auf ein Glas ein. Kurti war völlig überrascht und Tränen traten ihm in die Augen. „Wir feiern die Chance zu lernen!"

Auch wenn man keine Freude damit hat, aber: Feler werden nun mal gemacht und sint erlaupt!

Nur wer den Mut hat, Fehler zu machen, hat den Mut zu handeln! Nur wer den Mut hat, seine Fehler zu sehen, zu benennen und sie sich anzuhören (!), kann lernen, sie zu vermeiden. Und wer keine Angst mehr vor sich und seinen Fehlern hat, dem macht Führen richtig Spaß!

Kurz gesagt: Zur Elite gehört, wer Fehler macht ...
Wer Fehler um jeden Preis vermeiden will, vermeidet Weiterentwicklung, vermeidet das Leben.
Doch dies gilt für Führungskräfte gleichermaßen wie für deren Mitarbeiter:

Die Geschichte von den schwarzen Semmeln
Während eines Seminars haderte ein teilnehmender Bäckermeister mit sich selbst: „Warum nur bin ich heute Morgen in die Backstube gegangen?" Er erzählte, dass sein Geselle ein Blech voller Semmeln zu spät aus dem Ofen geholt habe, sodass sie schwarz und verbrannt waren. So ein Pech! Das doppelte Pech war aber die Reaktion des Meisters, denn er wurde

wütend und überaus aufgebracht und machte seinen Gesellen zur Schnecke! Damit nahm er seinem Mitarbeiter und sich selbst die Chance zu lernen. Durch Angriff erreicht man nichts Konstruktives, nur Rückzug, Verteidigung oder Gegenangriff. Ein Gespräch darüber, was der Mitarbeiter machen könnte, um dieses Missgeschick künftig zu vermeiden, hätte wohl beiden mehr Erfolg beschert.

Der Rabattmarkeneffekt

Kennen Sie Rabattmarkenlisten, die in manchen Geschäften oder beim Friseur an die Kunden übergeben werden? Bei jedem Einkauf klebt man Rabattmarken ein, und wenn die Karte voll ist, wird eine Vergünstigung oder ein Geschenk ausgegeben.

Bei uns Menschen verhält es sich ähnlich:

Auch wir haben eine innerliche Rabattmarkenkarte, allerdings wird diese mit Mängelmarken vollgeklebt.

Bei jeder Störung, sei dies ein Ärgernis, eine kleine Grenzüberschreitung, ein unfreundliches Wort et cetera, wird innerlich eine Marke in die Karte geklebt. Man sagt nichts, aber klebt ...

Plötzlich ist die Karte voll! Weh dem, der gerade zurechtkommt! So kann es sein, dass ein kleiner Fauxpas eine riesengroße Szene auslöst oder dass ein Partner für eine Kleinigkeit etwas abkriegt, was ihm gar nicht gilt: Der berühmte Tropfen, der das Fass zum Überlaufen bringt, ist eigentlich nur die letzte Marke in einer vollen Karte!

Was wir aus diesem Gleichnis lernen können:

Unliebsame Themen nicht als Mängelmarke einkleben, sondern möglichst sofort dort ansprechen, wo sie hingehören.

Beispiele für Marken in einer Firma: wenn ein Mitarbeiter sich Kunden gegenüber nicht freundlich genug benimmt, ein Team sich zu sehr abschottet und dadurch Gruppenzwänge oder gar Mobbing auslöst, ein Organisationsfehler zu Verzögerungen führt et cetera.

All dies sind Probleme, die zu lösen sind. Man muss sie nur ansprechen: möglichst bald, am richtigen Ort. Dennoch fällt dies oft schwer! Ein übergroßes *Harmoniebedürfnis* hindert Führungskräfte daran, Konflikte angemessen anzusprechen. Doch gerade, um Harmonie zu schaffen, ist es wichtig, diesen Mut aufzubringen!
Von der griechischen Mythologie wissen wir, dass Harmonia die Tochter von Aphrodite, der Göttin der Schönheit und der Liebe, *und* Ares, dem Gott des Krieges, ist! Zur Harmonie gehören also beide Pole!

Nur Liebe und Grießschmarren stört die Harmonie ebenso wie nur Zank und Streit!

Wie in der Pädagogik gilt: Störungen haben Vorrang! Werden Störungen nicht rechtzeitig bearbeitet, blockieren sie die Handlungs-, Denk- und Leistungsfähigkeit, weil die Betroffenen in Gefühlen und Gedanken hängen bleiben, die dem Arbeitsverlauf nicht dienlich sind, ablenken und belasten.

Eine Hundeführerin erzählte mir einmal, dass man seinen Vierbeiner innerhalb von sieben Sekunden zurechtweisen müsse, ansonsten könne dieser den Zusammenhang zwischen seinem unerwünschten Verhalten und der Rüge seines Herrchens nicht nachvollziehen.

Außerdem neigen wir Menschen dazu, nicht bewachte Grenzen immer ein Stückchen weiter zu verschieben: So können ein paar Minuten Verspätung zur täglichen Gewohnheit werden, wenn Pünktlichkeit nicht eingefordert wird: „Das war heute aber eine Ausnahme!"

Zur Kommunikation von Schwierigkeiten gilt wie im Fußball: Geschlagen wird der Ball, nicht der Spieler; also nur die Sache kritisieren, die Würde des Menschen ist unantastbar! Am besten eignet sich für Kritik die *Sandwich-Methode*: Verpacken Sie eine schlechte Nachricht in zwei gute!

Lob und Kritik müssen unter vier Augen besprochen werden! Diskretion schützt vor Neid oder Demütigung.

Delegieren und Zeit, schwimmen zu lernen

Die folgende Geschichte hat mich gelehrt, wie ich richtig delegiere:

Wie lehrt ein Vater seinen Sohn das Schwimmen?
Der erste Typ wirft seinen Sohn in das kalte Wasser und geht weg, weil er beschäftigt ist. Er hofft, dass sein Sohn **irgendwie** *schwimmen lernt. Manchmal hat man Pech und der Sohn ertrinkt. Der Vater seufzt: „Hab ich es doch gewusst!" Doch wenn der Sohn Glück hat, erlernt er es irgendwie selbst. Er entwickelt einen Schwimmstil, der ihn gerade mal über Wasser hält, ihn aber fürchterlich anstrengt …*
Der zweite Typ steigt mit seinem Sohn in das Schwimmbecken, hält ihn, zeigt ihm die nötigen Bewegungen und hält ihn so lange, bis er das Gefühl hat, er kann es. Nun lässt er ihn los, bleibt aber noch bei ihm und ist jederzeit verfügbar. Schließlich stellt er fest: Der Sohn kann schon ganz gut schwimmen. Der Vater verlässt das Becken, bleibt aber mit seiner Aufmerksamkeit auf dem Schwimmenden. Erst wenn das Vertrauen wirklich groß ist, lässt er ihn allein.

Wenn eine Führungskraft delegieren will, braucht sie Zeit! Mehr Zeit, als würde sie es selber machen! Die Regel lautet daher: Delegieren, wenn *Zeit* ist, *nicht*, wenn *Not* ist!

Greift der Chef nicht störend ein ...

Es war einmal ein Chef, der wollte sehr gerne Urlaub in China machen. Aber er glaubte, er könne seine Firma nicht alleinlassen, weil sonst alles den Bach runtergehe. So wandte er sich an den Magier, um mit ihm die Firma so zu verzaubern, damit er in Ruhe seinen großen und langen Urlaub antreten könne. Gemeinsam mit seinem Magier teilte er die Aufgaben unter seinen Leuten auf und so wagte er es schließlich zu verreisen ...

Siehe da, als er nach Wochen wiederkam, oh Wunder, hatte sich der Umsatz vergrößert, und seine Leute empfingen ihn mit dem Schild: „Greift der Chef nicht störend ein, läuft das Werk wie von allein."

Mich hat an dieser Geschichte besonders beeindruckt, wie erfolgreich es manchmal sein kann, genau das Gegenteil seines Glaubenssatzes auszuprobieren, also eine „paradoxe Intervention", wie es im Psychologie-Jargon heißt, eine scheinbar widersinnige Maßnahme, zu starten!

Achtung Klammeraffen!

Kennen Sie Klammeraffen? Wenn Mitarbeiter zu Ihnen kommen, haben Sie meistens einen oder mehrere auf Ihren Schultern sitzen. Wenn sie wieder gehen, sind die Besucher ihre Probleme, ihre Klammeraffen, möglicherweise los – aber wer hat sie nun am Hals? Richtig, wenn Sie nicht aufpassen, klammern sie sich nun bei Ihnen fest. Ich kann mich noch gut an meine Zeit als Personalchef erinnern. Manchmal bin ich mit sechs oder sieben Klammeraffen nach Hause gegangen. Aber Vorsicht – das wird dem stärksten Typen zu viel! Wie kann man sich gegen Klammeraffen wehren? Indem man begreift, was sie zum Hüpfen bringt. Sie hüpfen auf Ihre Schulter, sobald Sie selbst nach Lösungen suchen, sobald Sie ein „wir" oder noch schlimmer ein „ich" anbieten, zum Beispiel: „Schauen wir ..." oder „Ich werde ..."

Wer fragt, führt! Indem Sie die „magische" Frage stellen: „Was schlagen Sie vor?", bleibt die Verantwortung, wo sie hingehört.

Nun kann eine Lösung gefunden werden, die so befriedigend ist, dass der Besucher Ihr Büro zufrieden verlassen kann.

Sich Spielraum verschaffen

Immer wenn das Kundentelefon klingelte, hörte ich meinen Mitarbeiter höflich die Frage stellen: „Wir erledigen das gerne. Ist Montag in Ordnung?" Er hätte den Auftrag zwar auch prompter erledigen können, aber so verschaffte er sich Spielraum.

Sich Spielräume zu verschaffen, beugt Stress vor, macht unsere Aufgaben überschaubar.

Es hilft unserem „inneren Kind", die Arbeit spielerisch anzugehen. Ein Kind braucht im wahrsten Sinne des Wortes *Spiel*raum!

Auf diese Weise bleibt ihm (= uns) die Arbeit lustig!

Achtung Grenze!

Beispiel: Ein Unternehmer erzählte mir, dass seine Putzfrauen einen heftigen Streit miteinander ausfochten, und er fragte sich, ob er eingreifen sollte. „Wirkt sich der Streit auf das Unternehmen, das Personal oder die Arbeitsleistung aus?", fragte ich. Da er verneinte, empfahl ich ihm, *nicht* einzugreifen.

Unternehmensführung ist nicht per se Menschenführung.

Wir sind als Führungskraft nicht angehalten oder berechtigt, die Menschen in unserem Unternehmen zu guten zu machen oder sie in irgendeiner Weise zu ändern! Wir sind lediglich dazu da, ein Unternehmen zu führen und dafür zu sorgen, dass die Menschen darin arbeitsfähig und motiviert bleiben. Dafür schaffen wir Rahmenbedingungen, unterstützen und motivieren unsere Mitarbeiter, helfen, Konflikte zu lösen, und regeln den Ausgleich zwischen Geben (Arbeitsleistung) und Nehmen (Entlohnung). Wir gehen prinzipiell davon aus, dass diese Menschen kompetent ihr Leben und ihren Umgang mit Menschen meistern.

Allerdings: Wenn Probleme oder Streitigkeiten der Mitarbeiter das Unternehmen, das Arbeitsklima oder/und die Arbeitsfähigkeit negativ beeinflussen, ist die Führungskraft gefragt! Sie muss handeln, den Konflikt ansprechen, eine Lösung forcieren. Auf welche Weise Führungskräfte in Konfliktsituationen einschreiten können, ist im Abschnitt „Konflikte und Konfliktlösung" näher beschrieben.

Eine Führungskraft hat die Aufgabe, die Mitarbeiter so zu führen, dass das Unternehmen gut läuft.

Alles andere (zum Beispiel: dass es allen gut geht, dass alle spirituelle Erfahrungen machen können, dass die Mitarbeiter privat gute Netzwerke aufbauen et cetera) ist nicht Führungsaufgabe und wird oft als Übergriff erlebt!

Rechtzeitig tanken!

Kürzlich beobachtete ich mich selbst beim Autofahren: Mein Tank war bis auf ein Viertel leer. Ein Hinweisschild kündigte die kommenden Tankstellen an: Die erste befand sich in zwei Kilometer, die zweite erst in 70 Kilometer Entfernung. „Ach, die zweite wird sich schon ausgehen!", dachte ich und fuhr weiter. Es ging sich aus, aber ich fuhr den Rest der Strecke ständig in der Spannung, ob ich die zweite Tankstelle wohl tatsächlich erreichen würde. Dabei hätte ich die Fahrt völlig entspannt genießen können und mir unnötigen Stress erspart, wenn ich gleich bei der ersten Tankstelle abgefahren wäre!

Verhält es sich nicht mit unseren seelischen Tankstellen ähnlich?

Warten wir immer auf die letzte Chance aufzutanken, auch auf die Gefahr hin, vorher leerzulaufen?

Fahren Sie rechtzeitig Kraft tanken! Sei es in oder mit der Familie, mit dem Partner, mit Freunden, mit sich allein beim Meditieren oder am Motorrad, mit Ihrem Hund beim Spaziergang, bei einem Wellness-Wochenende oder beim Sport ...

Erfolge zu Erfolgserlebnissen machen

Bei einem Coaching beklagte sich ein Geschäftsführer: „Ich finanziere teure Weihnachtsfeiern, Betriebsausflüge und vieles mehr, aber meine Leute sind dafür gar nicht dankbar!" Wir versuchten, die Gründe zu erforschen, kamen aber nicht wirklich zu einem Ergebnis.
Als ich daraufhin in einem Führungskräfte-Meeting das Problem aufwarf, herrschte die gleiche Ratlosigkeit. Schließlich meinte ein Mitarbeiter: „Als mein Chef einmal überra-

schend zu uns ins Büro kam, eine Flasche Sekt in der Hand, und auf die erste Umsatzmillion mit uns anstieß, das war eigentlich die schönste gemeinsame Feier. Alle anderen geplanten Feierlichkeiten waren schal dagegen!"

Man muss die Feste feiern, wie sie fallen!

Dieser Spruch besitzt eine tiefe Wahrheit. Gerade die spontanen feierwürdigen Momente des Berufslebens machen die unmittelbare Freude aus! Erfolge sind keine, wenn man sie nicht zu Erfolgserlebnissen macht. Echtes Feiern, spontanes Würdigen eines Erfolges machen glücklich, geben Anerkennung und fördern das Betriebsklima.

4. Kapitel

Zur Meisterschaft gelangen

In meiner persönlichen Führungslaufbahn, in den Gesprächen mit vielen Kollegen und während meiner langen Jahre des Lernens und Lehrens kristallisierten sich fünf wichtige Schritte heraus, die Führungskräfte zu Meistern ihres Faches – zu führenden Persönlichkeiten – machen:
1. Entscheidungen treffen
2. Konflikte lösen
3. Mit Macht umgehen (5. Kapitel)
4. In den vier Meisterklassen des Lebens lernen (6. Kapitel)
5. Den Weg der seelischen Reifung gehen (7. Kapitel)

Diese fünf Lernschritte sind als Prozess der Persönlichkeitsentwicklung zu verstehen.

Sie sind sowohl Arbeit an sich selbst als auch Ausdruck von entwickelter Persönlichkeit. Im 1. Kapitel haben wir uns intensiv mit unserer Führungsbiografie auseinandergesetzt und gemerkt, dass wir unseren persönlichen Stil – unsere Persönlichkeit und unseren Führungsstil – nur auf Basis unserer Prägungen entwickeln können. Jeder führt nur in seiner Art wirklich gut. Oder anders gesagt: Man wird nur mit dem eigenen Führungsstil glücklich.

Wer sich verstellt, muss sich immerzu anstrengen und wirkt obendrein nicht glaubwürdig.

Ein tougher Führungstyp kann nicht plötzlich zu einem kollegialen Kumpeltypen mutieren oder umgekehrt. Wir sollen uns selbst treu bleiben *und* uns stetig weiterentwickeln, persönlich wie beruflich. Wie das gehen soll? Akzeptieren Sie sich radikal, der Rest geht von allein!

Erst im Klima der Akzeptanz bin ich fähig, mich zu entfalten und weiterzuentwickeln, um der zu werden, der ich bin.

Drei Bilder unserer Persönlichkeit

Persönlichkeitsentwicklung – der Weg zu sich selbst – fußt auf drei Bildern:
Dem Selbstbild: Wie sehe ich mich?
Dem Fremdbild: Wie sehen mich die anderen?
Dem Wunschbild: Wie möchte ich sein und gesehen werden?

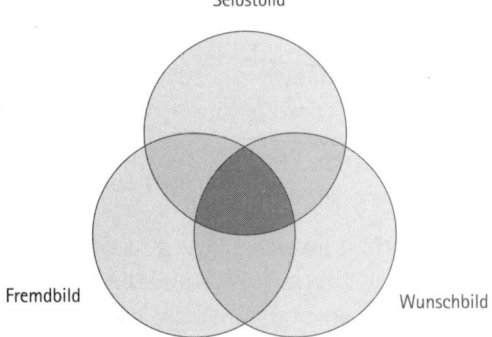

Wie in der Grafik sichtbar, gibt es in der Mitte jenen Bereich, in dem sich alle drei Kreise – Selbst-, Fremd- und Wunschbild – überschneiden. In diesem Bereich sind wir *glaubwürdig.* Wir sind authentisch, so wie wir sind (Selbstbild); wir sind authentisch, weil wir sind, wie wir sein möchten (Wunschbild), und werden auch genau so wahrgenommen (Fremdbild).

Wie siehst du mich?

Eine Seminarteilnehmerin erzählte, sie habe immer das Gefühl gehabt, sie begegne Menschen freundlich und liebenswürdig. Selbst fühlte sie sich allerdings oft unsicher und war daher eher zurückhaltend. Ein Freund vermittelte ihr ein völlig anderes Fremdbild, er sagte: „Du wirkst auf andere Menschen arrogant!" Nach der ersten Betroffenheit merkte sie, dass sich ihre Unsicherheit in Arroganz äußerte, die eigentlich ihr selbst galt. Nachdem sie gelernt hatte, mit sich selbst zufrieden zu sein und sich selbst nicht mehr arrogant zu begegnen, veränderte sich auch ihre Wirkung nach außen.

Führungskräfte sind gut beraten, sich regelmäßig ihre Fremdbilder zu holen – durch Kollegen, Freunde, Mitarbeiter: „Wie siehst du / sehen Sie mich?" In manchen Firmen werden sogenannte 360°-Interviews durchgeführt – Erhebungsbögen, die von Kunden, Lieferanten und Mitarbeitern ausgefüllt werden und den Führungskräften *ehrliche Rückmeldungen* und Fremdbilder zu ihrer Persönlichkeit bieten. Auch regelmäßige *Mitarbeitergespräche* liefern Antworten auf Fragen wie: „Fühle ich mich als Mitarbeiter von meinen Vorgesetzten gut unterstützt und gefördert?" et cetera.

Die Auseinandersetzung mit Fremdbildern hilft uns, glaubwürdiger zu werden.

Fremdbilder bieten uns die Möglichkeit, sogenannte blinde Flecken zu erkennen – jene Bereiche unserer Seele oder/und unseres Ausdrucks, die wir bisher nicht sehen konnten oder wollten. Aber sie gehören ebenso zu uns wie unsere geschätzten Seiten, unsere Stärken, unsere Qualitäten. Wie wir wissen, steckt in jeder Stärke eine Schwäche und in jeder Schwäche eine Stärke! Wenn wir *beide* Seiten der Medaille sehen können, haben wir schon viel erreicht. Der nächste Schritt lautet:

Akzeptiere dich selbst radikal, der Rest geht von allein! Das auf der vorhergehenden Seite erzählte Beispiel lässt erkennen, wie Persönlichkeitsentwicklung auf der Basis Selbstakzeptanz funktionieren kann: Mut zum Hinterfragen und Sich-selbst-infrage-Stellen; Realitäten anerkennen und mit Freundlichkeit akzeptieren; schauen, was passiert. Auf diese Weise gehen wir freundlich mit uns selbst um und können auch bisher Unerkanntes (wie die arrogante Wirkung nach außen) verstehen, integrieren (heißt: annehmen) und schließlich – ohne Mühe – verändern.

Führungskräfte, die glaubwürdig sind, die mit sich selbst im Reinen sind und mit ihrer echten Begeisterung anstecken, sind Menschen, denen Mitarbeiter gerne folgen. Diese Führungskräfte – „gestandene Persönlichkeiten", wie der Volksmund sagt – haben persönliche Autorität und gehen mit Macht und Verantwortung anständig und würdevoll um; sie stehen mit beiden Beinen auf dem Boden der Realität; sie sind wahrhaftige Persönlichkeiten, die als Vorbild gelten.

Persönlichkeit in Zahlen

Auf einer Skala von 0 bis 10 können wir die Größe eines Problems darstellen. Auf einer gleichen Skala lässt sich auch die Größe einer (Führungs-)Persönlichkeit darstellen.

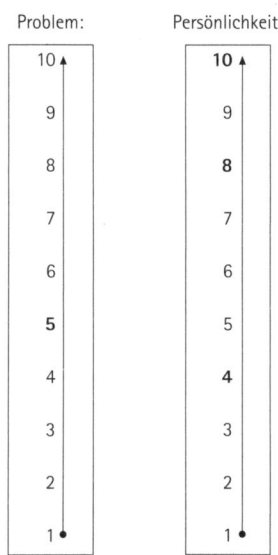

Problem: Persönlichkeit:

Wenn ein Problem mit der Größe 5 auf eine Persönlichkeit der Größe 8 trifft, kann das Problem gelöst werden; sollte aber nur eine Persönlichkeit der Größe 4 damit konfrontiert sein, kann diese keine Lösung dafür finden, sie ist überfordert.

Oder anders gesagt:

Für 10er-Persönlichkeiten gibt es keine unlösbaren Probleme mehr!

Die wichtigsten Aufgaben einer Führungskraft

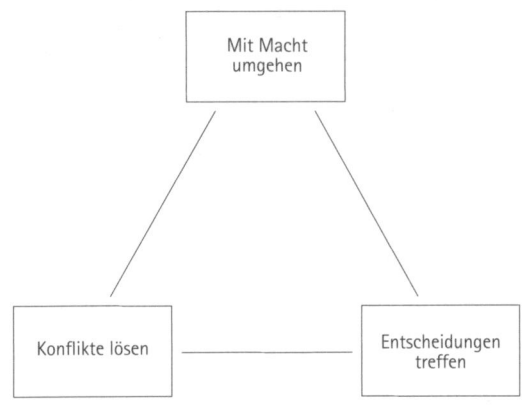

Die Kunst, richtig zu entscheiden

Kennen Sie das Märchen von der richtigen Entscheidung? So ist es: Es ist ein Märchen, denn die *richtige* Entscheidung gibt es nicht! Es gibt nur eine Entscheidung, die ich *verantworten* kann.

Dennoch bestimmen Entscheidungen den Alltag jeder Führungskraft! Von früh bis spät werden Entscheidungen gefordert, manchmal geht es um Kleinigkeiten, manchmal zieht eine Entscheidung einen Rattenschwanz von Konsequenzen nach sich, manchmal hängt Sein oder Nicht-Sein von der Entscheidung des Chefs ab. Die Fähigkeit, verantwortbare Entscheidungen zu treffen, gehört also zu den Schlüsselqualitäten einer Führungskraft. Viele delegieren diese Aufgabe an ihre Mitarbeiter, was aber nicht korrekt ist. Wenn die Meinung der Mitarbeiter in den Prozess der Entscheidungsfindung einbezogen wird, so ist das in Ordnung, doch *entscheiden* muss die Führungskraft!

Eine Entscheidung ist wie eine Wegkreuzung: Wohin geht es? Wird nicht entschieden, so bleibt man stehen.

Der Prozess einer guten Entscheidung durchläuft zunächst folgende Phasen:

Grundlagen erforschen / Fact-finding-Mission: Worum geht es? In diesem Prozess ist es sinnvoll, sich mit betroffenen Mitarbeitern auszutauschen, Meinungen und Erfahrungen einzuholen, Mentoren oder Coachs zu befragen.

Auswirkungen vorwegnehmen: Was verändert sich für wen oder was?

Vor- und Nachteile überlegen: Was spricht dafür, was dagegen?

Wenn nun diese Fragen geklärt sind und der Verstand die Fakten beleuchtet hat, geht es in einem weiteren Prozess darum, die Entscheidungen ganzheitlich zu treffen:

Der heilige Ignatius von Loyola, Gründer des Jesuitenordens, hatte für den inneren Entscheidungsprozess ein Drei-Phasen-Modell entwickelt, das mir bisher sehr hilfreich war:

1. *Die Unterscheidung:* Es gibt immer mehrere Lösungen! Es gibt die Lösung A, die Lösung B, einen Kompromiss AB oder keines von beiden, eine noch unbekannte Lösung U.

Beispiel: Eine Frau kam zu mir, weil sie überlegte, ihre Firma zu verlassen. Es gab für sie:
Lösung A: die Firma verlassen und
Lösung B: in der Firma bleiben.
Wir entdeckten, dass neben Lösung A und Lösung B auch Lösung AB: die Abteilung wechseln möglich war und sogar eine Lösung U, nämlich eine noch unbekannte, sich herauskristallisieren konnte.

2. *Die Entscheidung:* Fragen und Fühlen: Was sagt der *Bauch*? Was ist der erste spontane Impuls?

Welcher Impuls war im Augenblick des Konfliktes spürbar, der die Entscheidung notwendig machte? Fühlt sich die Lösung A oder B oder AB oder U freudvoll an?
Was sagt das *Herz*? Wird es ruhig, wenn ich an die Lösung A denke, oder aufgewühlt, wenn ich an B denke oder an AB oder U?
Was sagt der *Kopf*? Welche Lösung ist vernünftig?

3. *Die Entschiedenheit:* Nur wenn alle drei „Befragten" (Bauch, Herz und Kopf) übereinstimmen, bin ich entschieden!

Wenn Bauch, Herz und Kopf nicht übereinstimmen, lieber beim Alten bleiben! „Ändere im Nebel nie deine Richtung!", sagt uns ein Sprichwort, denn die Gefahr, sich im Nebel der Diskrepanzen zu verirren, ist zu groß!

Nur eine Lösung rutscht durch den „Trichter" des Entscheidens. Das bedeutet zugleich, dass jede Entscheidung den Abschied der übrigen Varianten nach sich zieht.
Die Frau entschied sich letztlich dafür, ein Jahr Bildungskarenz zu nehmen, also U!

Was Ignatius von Loyola vor knapp 500 Jahren durch seine Exerzitien entwickelte, findet sich in der zeitgenössischen Wissenschaft der Psychologie als „somatische Marker" wieder. Das sind Körpergefühle, die sich im Bauch, im Herzen, im Nacken oder am ganzen Körper zeigen, sich entweder gut oder schlecht anfühlen und wichtige Hinweise über die Richtung einer Entscheidung liefern können. Dabei „ausschließlich auf den Bauch zu hören, wäre grober Unfug. Die Kunst besteht darin, beide Systeme – Verstand und somatische Marker – zu synchronisieren", erklärt die Psychoanalytikerin Maja Storch vom Institut für Selbstmanagement und Motivation in Zürich:

„Das Geheimnis, klug zu entscheiden, liegt darin, dass der Verstand so lange Lösungen sucht und mit den somatischen Markern abgleicht, bis man weiß: Es passt!"

Organe der Firma

Eine der wichtigsten Entscheidungen im Unternehmen ist die Auswahl der „richtigen" Mitarbeiter. Neue Mitarbeiter müssen zum Betrieb passen wie neue Organe in den Gesamtorganismus! Von der Medizin wissen wir, dass neue – fremde – Organe, die implantiert werden, nur zu maximal 20 % vom eigenen organischen System abweichen dürfen. Ebenso verhält es sich mit neuen Mitarbeitern – sie müssen gut in das gesamte System passen, dann können sie auch gut integriert werden.

Diese Passgenauigkeit lässt sich mit der Klärung folgender Fragen gut überprüfen:

Passt der Kandidat zu *mir*?

Führungskräfte haben sehr oft ein treffsicheres Bauchgefühl, ob sie mit dem Neuen „gut können", ob die „Chemie" zwischen ihnen stimmt. Genau diese Subjektivität ist wichtig, um in dieser Frage die Antwort zu finden!

Kann er die geforderten *Aufgaben* erfüllen?

Einfache Tests oder Aufgaben am Computer offenbaren die tatsächlichen Fähigkeiten, auch ein *Schnuppertag* ermöglicht eine gute Einschätzung der Einsetzbarkeit. Dieser hilft auch folgende Frage abzuklären:

Passt er in das *Team?*

Beispiel: Ich wollte in ein bestehendes Team ein bisschen Dynamik bringen und gesellte den Damen und Herren gesetzteren Alters einen jüngeren Kollegen dazu. Nach einem halben Jahr kam er zu mir, zerknirscht, er halte es nicht mehr aus. Ich versetzte ihn. Doch die Idee der Dynamik wollte ich noch immer nicht aufgeben und setzte ihnen wieder einen jungen Mann in das Team. Nach einem weiteren halben Jahr kam nun der Teamleiter und meinte, sie hielten es nicht mehr aus.

Ich lernte daraus, dass man ein Team nur mit jemandem erweitern darf, der nicht grundlegend von der Teamnorm abweicht.

Passt er in das *Unternehmen?*

Beispiel: In der Wirtschaftskammer ist es natürlich wichtig, dass die Mitarbeiter möglichst unternehmerfreundlich denken. Um dies zu überprüfen, stellte ich den Kandidaten die Frage: Könnten Sie sich vorstellen, selbst Unternehmer zu sein? Wenn ein spontanes Ja zur Antwort kam, war ich zufrieden. Bei einem Nein oder zögerlicher Antwort fragte ich genauer nach.

Wenn ich für einen Orden Mitarbeiter auswählte, fragte ich nach ihrer Bibelfestigkeit. Welche ist ihre liebste Bibelstelle? Manche wussten gleich zwei oder drei und konnten sich nicht so recht entscheiden, öffneten aber die Herzen der mithörenden Schwestern oder Brüder!

Querdenker können noch so gut und kompetent sein, wenn sie allerdings diametral zur Unternehmensideologie oder zum Teamgeist denken, können sie nicht integriert werden – wie ein Organ, das über 20 % vom organischen System abweicht.

Konflikte und Konfliktlösung

Jeder Mensch hat die Sehnsucht, in einer Atmosphäre bereinigter Konflikte zu leben. Wir wollen „wieder gut miteinander sein", wie wir als Kinder nach Streitereien oft gesagt haben. Aber wir wollen auch nicht ständig der sogenannte Draufzahler sein, der, der ständig nachgeben muss. Wir haben eine Ursehnsucht nach Gerechtigkeit und erleiden Schmerz, wenn wir oder jemand anderer ungerecht behandelt werden. Daher spüren wir einen kräftigen Impuls, Konflikte zu lösen! Manchmal steht dieser Lösungsimpuls in Konkurrenz zum Harmonieimpuls. Doch, wie wir wissen, gehören zur echten Harmonie die Aspekte der Aphrodite, wie Schönheit und Liebe, *und* die Aspekte des Ares, wie Krieg und Konflikt. Ungelöste Konflikte halten einen Menschen, eine Familie oder ein Team gefangen, blockieren sie und behindern die Entwicklung.

Wie lösen Tiere ihre Konflikte?

Wenn ein Tier einen Konflikt nicht austragen *muss*, weicht es aus, es flieht (flee) oder stellt sich tot (freeze). Erst wenn es nicht mehr anders *kann*, dreht es sich um und stellt sich dem Kampf (fight), mit dem Ziel, die Absicht des anderen zu vernichten oder den anderen zu unterwerfen.

Geht menschliches Konfliktverhalten darüber hinaus?

Ja, zum Glück! Flee, freeze and fight – fliehen, sich totstellen und kämpfen – wenden auch wir Menschen an, wenn wir uns einer Gefahr ausgeliefert sehen. Darüber hinaus beherrschen wir aber noch weitere und differenziertere Spielarten der Konfliktlösung:

In der Variante der Unterwerfung sucht der Mensch *Mitstreiter*: Cliquen, Gruppen, Gewerkschaften, Lobbys ...

*Ein Chef eines Paketdienstes erzählte mir von einer gefährlichen Form der Gruppenbildung: Er suchte zusätzliches Personal. Einer seiner bewährten Mitarbeiter trug ihm regelmäßig neue Mitarbeiter zu. Mit der Zeit brachte dieser Mann schon so viele **seiner** Leute in die Firma hinein, dass sie eine eigene Hausmacht bildeten und den Chef zu erpressen begannen: „Wenn du uns nicht mehr Lohn gibst, werden wir **alle** nicht mehr arbeiten!"*

Die Loyalität der Mitarbeiter galt nicht ihrem Chef, sondern dem, der sie in das Unternehmen brachte. Wichtig: Eine Führungskraft muss ihren Mitarbeitern unmissverständlich klarmachen, wer sie anstellt, wer sie bezahlt, wer sie führt.

Menschen gehen über die zweite Stufe hinaus und versuchen eine dritte Lösungsstrategie, nämlich einen *Schiedsrichter* einzuschalten, sie gehen vor Gericht.

Auf der vierten Ebene der Konfliktlösung sprechen wir von *Kompromisslösungen*: Der kleinste gemeinsame Nenner der beiden Standpunkte wird gesucht.

*Ein Ehepaar stritt sich über seine Urlaubsziele: **Er** wollte in die Berge, **sie** wollte ans Meer. Einmal versuchten sie folgende Kompromisslösung: Von den beiden gemeinsamen Wochen Urlaub reiste man eine Woche in die Berge und eine Woche ans Meer. Das Ergebnis war leider nicht sehr befriedigend: Da beiden um die eine Woche leid war, sank ihre Laune, und sie vermiesten sich gegenseitig den Urlaub.*

Wenn sich Hellblau und Rosarot miteinander vermengen, entsteht Lila. Das ist eine Kompromisslösung.

Die fünfte Spielart, Konflikte zu lösen, ist der *Konsens*. Man sucht eine Farbe, die beiden gefällt, zum Beispiel Weiß!

Lassen Sie uns das Beispiel vom Urlaub weiterverfolgen:
Die Eheleute fragten sich gegenseitig, warum ihnen eigent-
lich ihre Urlaubsziele so wichtig wären. Sie sagte: „Ich habe
nur zwei Wochen, in denen will ich absolute Sonnen-
garantie!" Er sagte: „Ich will in die Berge, weil ich die Hitze
nicht ertrage!" Sie handelten folgenden Konsens aus:
Urlaub in Kärnten, bei Schlechtwetter weiter in den Süden!

Konflikte werden stets von Bedürfnissen und Gefühlen es-
kortiert, oft auch ausgelöst. Der Weg zur Lösung bahnt sich
daher durch den Dschungel dieser Empfindungen: Was ist
dir/mir daran so wichtig?
Konflikte eskalieren, wenn die dahinter stehenden und be-
gleitenden Gefühle nicht wahrgenommen werden. Wichtige
emotionale Konfliktbegleiter sind Angst und Selbstwert-
verlust. Wenn Sie mitten in einem Konflikt stehen, halten
Sie kurz inne und fragen sich: Wovor hat der Konfliktpartner Angst? Und: Wovor habe ich Angst? Auf diese Weise
wird Mitgefühl entstehen und Sie werden eine Ahnung entwickeln, worum es in der ganzen Misere wirklich geht.
Womit Sie der Lösung einen großen Schritt näher kommen!

Im Dreieck nach Lösungen streben

Triangulation, also Dreiecksverflechtung, entsteht, wenn
sich ein Mitarbeiter bei der Führungskraft über einen anderen beschwert.
1. Lösungsmöglichkeit: den Sich-Beschwerenden beraten
und ihn mit der Bitte entlassen, das Problem selbst zu lösen.
2. Lösungsmöglichkeit: sofort den anderen Mitarbeiter da-
zuholen, um Gerüchte, Missverständnisse und Misstrauen
zu vermeiden. Bei diesem Konfliktgespräch ist es wichtig,
dass die Führungskraft auf Gesprächsspielregeln besteht.

Die Streitenden sollten einander ausreden lassen, über sich sprechen („Ich bin verärgert, weil ..."), keine Du-Botschaften („Du bist das Problem") verwenden, und auch hier gilt: Die Würde des Menschen ist unantastbar!

3. Lösungsmöglichkeit: Wenn die vorgenannten Varianten nicht aufgehen, ist folgendes „Vorspiel" erlaubt: mit beiden Mitarbeitern getrennte Gespräche führen, um Verständnis für den jeweils anderen Standpunkt zu erreichen. Anschließend zurück an den Start!

Es gibt ungelöste Konflikte, die jede Weiterentwicklung des Unternehmens blockieren. Das folgende Beispiel in einem Bauunternehmen zeigt das sehr deutlich:

Die Verwaltungsleiterin und der Bauleiter hatten einen besonderen Umgang miteinander: Immer wenn von der Verwaltungsleiterin ein Vorschlag zur Fortentwicklung des Unternehmens kam, war der Bauleiter dagegen und umgekehrt. So wurde jede Veränderung abgeschmettert. Der Chef war verzweifelt. Erst durch Gespräche im Sinne der Triangulation und durch vereinbarte Lösungen konnte sich im Betrieb wieder etwas bewegen.

Die Palatschinkentheorie

Bei manchen Konflikten muss nach der Urpalatschinke gesucht werden. Diese Urpalatschinke ist die erste eines Stapels von Palatschinken.

Die Urpalatschinke ist jener erste Konflikt, auf den sich alle weiteren Streitereien aufbauen. Wenn man die Urpalatschinke gefunden hat, löst sich plötzlich der ganze Konfliktberg auf!

Es kann vorkommen, dass die Konfliktpartner ihren ursprünglichen Streit gar nicht mehr im Gedächtnis haben;

sie haben ihn verdrängt oder vergessen oder sie führen fort, was ihre Vorgänger (Eltern, Kollegen) begonnen haben, ohne die Urpalatschinke zu kennen. Manchmal ist Mediation (Konfliktlösung mithilfe eines Dritten, eines unbeteiligten Beraters) ein hilfreicher Weg zur Konfliktlösung.

Die Geschichte vom Grüßen

Zwei Gartenhausnachbarn waren früher gut befreundet. Doch irgendetwas trübte plötzlich ihr Verhältnis, sodass ein Konflikt entstand, der elf Jahre währen sollte und vor Gericht endete. Nach dieser langen Zeit trat endlich ihre Urpalatschinke zutage:

Familienvater A glaubte eines schönen Tages plötzlich zu bemerken, dass ihn die Nachbarn nicht ordentlich grüßten, und er fragte am Mittagstisch: „Ist euch eigentlich schon aufgefallen, dass **wir** *die Nachbarn immer zuerst grüßen?" Es war zwar den anderen Familienmitgliedern bisher nicht aufgefallen, aber wenn er es sagte, dann wollten sie in Zukunft besser aufpassen. Und tatsächlich: Nun fiel es auch ihnen auf und sie beschlossen, so lange nicht zu grüßen, bis die Nachbarn es täten.*

Es dauerte nicht lange, da saß die Nachbarsfamilie am Mittagstisch und fragte sich: „Ist euch eigentlich aufgefallen, dass uns die Nachbarn nicht mehr grüßen? Habt ihr eine Idee, warum?" Sie fanden zwar keine Antwort, beurteilten aber das nachbarliche Verhalten als „Sauerei!" und meinten: „Na wenn das so ist, werden auch wir nicht mehr mit ihnen reden!"

Konflikte lassen sich in drei Arten einteilen:
* der Konflikt in mir
* der Konflikt mit einer zweiten Person
* der Konflikt in Systemen wie Familien oder Organisationen

Zwei Seelen wohnen, ach, in meiner Brust*:

* Johann Wolfgang von Goethe: Faust. Der Tragödie erster Teil

Der innere Konflikt

Um den Konflikt in mir – den inneren Konflikt – zu lösen, muss ich mich den beiden oder mehreren „kontrahierenden Stimmen" in meiner Brust stellen!

Welche Argumente werden von meinen inneren Stimmen eingebracht?
Welche Gefühle produzieren sie?

Übung: Wenn ich mit einem Klienten an einem inneren Konflikt arbeite, fordere ich ihn auf, zwei Stühle vis-à-vis aufzustellen. Jeder Stuhl steht für eine innere Stimme. Nun dürfen die beiden in Dialog treten. Jede Stimme kann ihre Argumente vorbringen. Jede Stimme kann der anderen antworten.

Oft reichen das Hören und Verstehen der Stimmen, um zu einer guten Entscheidung zu kommen. Manchmal hilft die Frage: „Was brauchst du, um gut damit leben zu können?"

Manchmal führen verdeckte *Ansprüche des „Über-Ichs"* zu Konflikten: Ich möchte, aber darf nicht. Das „Über-Ich" fungiert wie ein gestrenger Zensor, der uns kontrolliert, uns erklärt, was gut und böse ist, und in den Religionen Gewissen genannt wird.

Auch die *Bipolarität der Elternmeinungen* spiegelt sich in inneren Konflikten:

Ein Klient erzählte mir, er habe einem inneren Antrieb gehorchend ein ordentliches Aktenablagesystem in seinem Büro geschaffen, es aber dann doch nie verwendet ...

Später kam ihm die Erkenntnis, dass er für seinen Vater die

Ordnung geschaffen habe, sie aber aus Solidarität mit seiner Mutter nicht genutzt habe!

Erst eine innere Aussöhnung mit seinen Elternstimmen (Bipolarität) machte ihn fähig, ein für ihn selbst passendes Ordnungssystem zu entwickeln.

Wer sich mehr und mehr von der Macht des schlechten Gewissens, behindernder Schuldgefühle oder einengender Solidaritätsansprüche der Eltern befreien will, soll versuchen, all ihre Stimmen wertfrei und gleichberechtigt anzuhören. Das erfordert und bewirkt eine Distanz, ähnlich der eines unbeteiligten Journalisten. Möglicherweise hilft es, den Dialog der Stimmen niederzuschreiben. Um zu guten Entscheidungen bei inneren Konflikten zu kommen, lesen Sie bitte in diesem Buch den Abschnitt „Die Kunst, richtig zu entscheiden".

Der Konflikt mit anderen

Bei meiner Ausbildung zum geistlichen Begleiter setzten wir uns in einem Kreis auf. In der Mitte befand sich ein Gartenzwerg. Wir bekamen nun die Aufgabe, den Gartenzwerg zu zeichnen. Wenn wir damit fertig waren, sollten wir die Zeichnung weitergeben. Der erste Nachbar gab mir seine Zeichnung. „Komisch", dachte ich, „warum fehlt der Kopf? War unsere Aufgabe nicht anders?" Wir gaben die Zeichnung wieder weiter. Nun wunderte ich mich über die Farbe, die dieser Zeichner wählte: violett, obwohl ich einen weißen Gartenzwerg sah. „Kreativ, aber eigentlich nicht auftragskonform", dachte ich noch. Und als ich schließlich die Zeichnung jenes Teilnehmers bekam, der genau mir gegenübersaß, hatte der Gartenzwerg plötzlich ein Ledertäschchen an seinem Bund hängen!

Schlagartig wurde mir bewusst: Darüber könnten sich

Menschen furchtbar streiten! Der eine sagt, wie hübsch das Täschchen sei, und der andere bestreitet, dass es überhaupt eines gebe! Und beide würden sich völlig im Recht fühlen!

Solange Menschen glauben, Recht haben zu *müssen*, ist *keine* Lösung möglich!
Die Erkenntnis, dass jeder nur einen Teil der Wirklichkeit sieht, nimmt der Rechthaberei die Berechtigung!
Jeder sieht oft den Teil *nicht*, den der andere sieht. Weitere Erkenntnis:

Wenn ich mich darauf einlasse, meinen Standpunkt aufzugeben und die Welt aus der Sicht des anderen zu betrachten, erweitert jeder Konflikt meine Sichtweise der Welt.

Manchmal sind Konflikte mit anderen Personen nach außen verlagerte innere Konflikte. Daher macht es Sinn, bei jedem äußeren Konflikt in sich zu gehen, ob sich auch in mir zwei Stimmen „zerstritten" haben.
Der Konflikt mit einer anderen Person entsteht, wenn sich zwei Standpunkte nicht vereinbaren lassen und jeder nur die eigene Wahrnehmung als Grundlage seiner Meinung anwendet.

Perspektivenwechsel
Übung, um eine Konfliktsituation begreiflich zu machen: Stellen Sie sich vor, zwei Menschen stehen einander gegenüber. Es ist kein Schritt weiter möglich. Nichts geht mehr. Jeder beharrt auf seinem Standpunkt. Der Konflikt verhindert jeden weiteren Schritt nach vorne, jede Entwicklungsmöglichkeit. Erst wenn einer bereit ist, sich zum anderen hinzubewegen, von seinem Standpunkt aus die Welt zu sehen und auch seine Sichtweise wahrzunehmen (zumindest kurzfristig den eigenen Standpunkt aufzugeben), wird wieder etwas möglich. Der andere wechselt ebenfalls seine

Position und wird merken, dass die Welt von dieser Seite aus betrachtet anders aussieht. Mit diesem Wissen wieder zu verhandeln und zu einer gemeinsamen Lösung zu kommen, gibt der Weiterentwicklung eine Chance!

Der systemische Konflikt

Es gibt ein Ordenskrankenhaus, in dem die Schwesterngemeinschaft zugleich Eigentümerin des Krankenhauses ist. Viele der Schwestern arbeiten wie normal angestellte Mitarbeiterinnen. Wenn allerdings eine Schwester ein Anliegen hat, Urlaub möchte oder eine Weiterbildung anstrebt, ihre Vorgesetzte dies aber nicht bewilligt, könnte sie ihre Oberin mobilisieren, ihr Anliegen durchzusetzen – aus dem Bewusstsein, ja Miteigentümerin des eigenen Arbeitsplatzes zu sein.

Dieses Beispiel zeigt, dass die Ordnung und die Abgrenzung zwischen Arbeitgeber und Arbeitnehmer nicht gewährleistet sind. Das kann zu einem systemischen Konflikt führen.

Mehr als 50 % aller Konflikte sind systemische Konflikte. Es sind Konflikte, die ihren Ursprung nicht in den beteiligten Personen haben, sondern in den Systemen, in denen die Menschen arbeiten, lernen oder leben.

Systeme haben Systematik, wie ihr Name schon sagt. Förderliche Systeme sind nach gewissen Ordnungsprinzipien ausgerichtet. Ist die Ordnung in einem System gestört, beginnt ein systemischer Konflikt.
Konflikte, die innerhalb eines Systems entstehen oder schon vor langer Zeit entstanden sind und immer noch nachwirken, können nur systemisch gelöst werden. Wenn den Beteiligten klar wird, dass der Konflikt nichts mit ihrer eigenen Person zu tun hat, sondern systemisch bedingt ist, löst sich bereits etwas auf.

Verborgene oder sehr komplexe systemische Konflikte können nen durch *Aufstellungsarbeit* gelöst werden. Aufstellungsarbeit ist eine Methode der Familien- und Systemtherapie, die alle beteiligten Personen oder Personengruppen eines Systems (Familie, Firma, Schulklasse, Gesellschaft ...) durch Symbole oder echte Akteure veranschaulicht und in einem geschlossenen Rahmen (Brett oder Raum) aufstellt: Abstände untereinander, Gesichtsfelder, Standorte der Systemmitglieder, Beziehungsgeflechte und vieles andere mehr werden dadurch sichtbar.

Wenn zumindest ein Mitglied eines Systems bereit ist, durch Aufstellungsarbeit die Positionen der beteiligten Personen und deren Gestimmtheit zu erkennen und seinen eigenen Standort, wenn nötig, zu wechseln, kann es zu einer allgemeinen Veränderung beitragen. Wie in einem Spinnennetz wirkt der Positionswechsel des einen auf alle anderen am System Beteiligten, die sich nun auch zu bewegen beginnen, obwohl sie vielleicht nie von der Aufstellungsarbeit des einen Systemmitglieds gehört hatten. Doch die Arbeit eines Einzigen wirkt auf das gesamte System und verändert damit Realitäten.

Jeder Mitarbeiter einer Firma kommt aus einem eigenen Familiensystem. In dem einen Familiensystem ist es beispielsweise üblich, die Türen offen zu lassen. Ein anderer Mitarbeiter kommt aus einer Familie, in der das Ordnungsprinzip der geschlossenen Türen herrscht. Ein Konflikt kann entstehen ...

Denn jeder hat die Tendenz, die Regeln *seines* Systems für die einzig richtigen zu halten und sie durchzusetzen.

Je mehr Mitarbeiter zusammenarbeiten, umso mehr Systeme prallen aufeinander und umso komplexer wird das neue System. Wenn es dann zum Streit kommt, ist es wichtig, den Menschen bewusst zu machen, dass sie einem systemischen Konflikt unterworfen sind, der nichts mit ihrer Person zu tun hat!

Diese bewusste Erkenntnis hat große Versöhnungskraft und kann bereits die Lösung des Konfliktes bedeuten!

Ein Beispiel eines systemischen Konfliktes zwischen Ehepartnern: Der Ehemann ging jeden Sonntag um 10 Uhr zum Frühschoppen. Jedes Mal forderte seine Frau ihn auf: „Bist du um 12 Uhr zum Essen wieder da?!" Er sagte brav „Ja", aber jeder wusste, dass er dieses Versprechen nicht halten würde.

Auf die Frage, warum er jedes Mal lüge, meinte er: „Ich will nicht im Streit außer Haus gehen!"

Auf die Frage an die Frau, warum sie jedes Mal um 12 Uhr das Essen auf den Tisch bringe, sagte sie: „Da könnte ja jeder kommen und irgendwann sein Essen bestellen!"

*Die Ursache war systemisch: **Er** kam aus einem Familiensystem mit vier Söhnen. Zu Mittag wurde dann gegessen, wenn der **Vater** heimkam. Der Vater bestimmte also die Essenszeit.*

***Sie** kam aus einem Familiensystem, in dem die **Mutter** die Essenszeit bestimmte. Beide trugen ihr System weiter.*

Als sie erkannten, dass ihr Konflikt systemischer Natur war, konnten sie sich versöhnen! Und das „wie von selbst".

Die dritte der wichtigsten Führungsaufgaben ist jene, mit Macht umzugehen. Im nächsten Kapitel werden wir uns ausführlich mit dem Themenkreis *Macht* beschäftigen. Auch wenn „Macht" für manche ein Wort ist, das mit Schuld aufgeladen ist, will ich mich dem Begriff dennoch neutral und frei von Assoziationen zuwenden.

5. Kapitel

Macht ist die Würde, Verantwortung die Bürde

Die Würde der Macht (englisch: power, französisch: pouvoir) speist sich aus vier Quellen:

- Aus dem *Mandat*: zum Beispiel unterschreiben zu dürfen.
- Aus der persönlichen *Autorität*: Vielen Mitarbeitern reicht es nicht, wenn ihre Führungskraft allein das Mandat besitzt; sie wollen eine Persönlichkeit, zu der sie aufblicken können, vor der sie Respekt haben. Sie wollen jemand, der Kraft hat, sich durchsetzen kann – dieser bekommt ihre Wertschätzung.
- Aus der dazupassenden *Kompetenz*: Führungskompetenz und passende Fachkompetenz sind eine wichtige Kombination.
- Aus der Bereitschaft, *Verantwortung* zu übernehmen.

Die modernen Insignien der Macht

Woran erkennt man Macht?

Wenn ich in eine Sitzung komme, beobachte ich die Menschen: jene, die Blickkontakt aufnehmen, und jene, die Blickkontakt entgegennehmen. Daran lässt sich bereits viel darüber ablesen, wie mächtig die formellen oder informellen Positionen der Mitglieder sind. Jener, der oft angesehen wird, genießt offenbar viel Ansehen. Beispiel: Jemand meldet sich zu Wort. Unmittelbar bevor er zu sprechen beginnt, wandert sein Blick für einen kurzen Moment zu jenem Menschen, der Macht besitzt. Ist das die formelle Führungskraft oder die graue Eminenz?

Macht ist etwas, was immer da ist. Wie Paul Watzlawick feststellte: Wir können nicht *nicht* kommunizieren, weil wir doch immer etwas ausdrücken, auch wenn wir schweigen, auch wenn wir wegschauen, auch wenn wir ablenken und so weiter. Ebenso können wir auch nicht *nicht* mit Macht umgehen. Auch wenn wir scheinbar nichts tun, nehmen wir Macht an oder geben Macht ab.

Als Führungskraft haben wir die Aufgabe, professionell mit Macht umzugehen, die *Insignien der Macht* zu erkennen und zu nutzen.

In einem Seminar erhielten die Teilnehmer die Aufgabe, ihre Schattenrollen einzunehmen. Dies ist eine Methode des Psychodramas. Wir sollten also jene seelischen Anteile spielen, die wir (bisher) nicht von uns kannten. So wurde einem sehr weichen, sozialen Typ Mann die Rolle eines mächtigen und korrupten Baulöwen zugeteilt. Er spielte diese Rolle ausgezeichnet, kannte alle Attribute der Macht und spielte sie voller Leidenschaft aus. Doch hinterher schämte er sich! Er war sich bisher nicht bewusst gewesen, dass er auch diese Seite in sich hatte und dass es ihm Spaß machte, sie zu spielen.

Macht hat,
- wer die Regeln aufstellt und dafür sorgt, dass sie eingehalten werden: Regeln sind wichtig, wo sie Sicherheit geben und Angst reduzieren.
- wer Entscheidungen trifft.
- wer sich mit Widerstand konfrontiert sieht, denn Widerstand ist ein deutliches Indiz für seinen Gegenpol, die Macht.
- wer fragt, der führt.
- wer Machtspiele kennt.
- wer Statussymbole bewusst einsetzt.

Ein Aufsichtsratsvorsitzender fuhr immer ein teures Auto mit Stern. Der Pförtner des Unternehmens kannte ihn, sein Auto ebenso. Jedes Mal, wenn er hereinfuhr, hielt man ein kurzes Schwätzchen. Eines Tages kam er mit einem kleineren Modell einer anderen Marke. „Sind Sie heute mit dem Auto Ihrer Frau unterwegs?", fragte der Pförtner. „Nein, das ist meines." Darauf meinte der Mann spontan: „Das können Sie uns aber nicht antun!"

Ein urtümlicher Instinkt auf sehr einfacher Ebene lässt uns spüren, wer der Chef ist, wem zu folgen ist. Statussymbole bedienen dieses Bedürfnis: Der Leitwolf braucht die stärksten Zähne, der Leitlöwe die größte Mähne und der Chef das größte Auto. Dies unterstreicht seine Macht, aber auch seine Vertrauenswürdigkeit. Viele Menschen lehnen Statussymbole ab. Das ist ihr gutes Recht. Zu wissen, dass Statussymbole Wirkung haben und der Verzicht auf sie ebenso, ist wichtig.

• wer „Kriegslisten" beherrscht.

Einer meiner Bekannten war der beste Fechter seines Vereins. Nachdem er dort keinen adäquaten Gegner mehr antraf, forderte er einen Sportfechter aus einem anderen Verein zum Kampf. Der Bekannte wurde grün und blau geschlagen. Er ließ seine Wunden verheilen, trainierte wie ein Wilder und wollte es abermals wissen. Wieder dasselbe! Er konnte es nicht verstehen. Beobachter fragten ihn: „Merkst du nicht, dass dein Gegner Finten anwendet?"
Was sollte er tun? Nein, er wollte ehrlich kämpfen – aber immer unterliegen? Er beschloss, die Finten nicht anzuwenden, aber die des Gegners zu analysieren.
Schließlich kam es zur dritten Begegnung: Wieder erwischte ihn eine Finte, doch diesmal konnte er sie parieren. Sein Gegner lächelte. Jetzt hatte er ihn als echten Kämpfer akzeptiert.

- wer Einfluss hat.

Wenn in unserer Gesellschaft das Wort „Macht" verwendet wird, bekommt es oft den Beigeschmack von Machtmissbrauch. Ich verwende hier den Begriff im Sinne der Definition von Henry Mintzberg: „Macht ist die Fähigkeit, Ergebnisse zu bewirken oder zu beeinflussen."

Mit Macht umgehen

Eine der drei wichtigsten Aufgaben einer Führungskraft ist es, mit Macht umzugehen. Ich wage zu behaupten, dass es sich gleichermaßen negativ auswirkt, Macht *nicht* zu gebrauchen wie Macht zu *miss*brauchen.

Wenn eine Führungskraft die Macht hätte, zu klären, und tut es nicht, und wenn sie die Macht hätte, zu entscheiden, und tut es nicht, entsteht ein Macht*vakuum*.

In dieses hüpft meist ein Mitarbeiter und füllt es aus: ein gefährlicher Reflex, denn ohne offizielle Genehmigung kann das als anmaßend und übergriffig bewertet werden!
Ein Machtvakuum entsteht, wenn Führungskräfte übersehen, ihre Urlaubsvertretung zu ernennen, oder wenn nicht geklärt ist, wer im Fall eines Krankenstandes oder Auslandsaufenthaltes die Leitung übernimmt.
Um in einem Coaching die Machtübernahme deutlich zu machen, stelle ich einen Chefsessel vor einem Halbkreis von Mitarbeitersesseln auf:

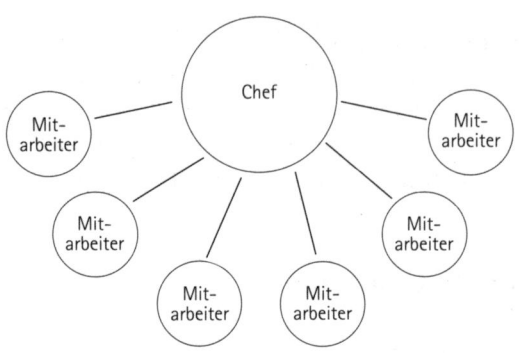

Sesselkreis: Chef/Mitarbeiter

Ein Mitarbeiter, der auf den Chefsessel wechseln soll, spürt oft einen inneren Widerstand, diesen zu be-setzen. Ein Grund dafür könnte in der Angst, Freunde unter den Kollegen zu verlieren, liegen. Es könnte aber auch sein, dass der Alte den Chefsessel noch irgendwie besetzt, seine Position nicht loslassen will. In diesem Fall ist es wichtig, den Vorgänger würdevoll zu verabschieden. Ein Ritual muss klarmachen, dass die Chefposition nun frei ist. Wird der Sessel nicht angemessen besetzt – durch eine ernannte Vertretung oder Neubesetzung –, entsteht ein Macht-vakuum.

Zu *Machtmissbrauch* kommt es, wenn Führungskräfte über die Grenzen der Mitarbeiter gehen: Grenzen ihrer Privatsphäre, Grenzen ihrer Belastbarkeit, Grenzen ihrer persönlichen Werthaltung und Lebensgestaltung ...

*Beispiel: In einem Bio-Hotel galt die Regel, dass sich die Mitarbeiter **immer** gesund und biologisch zu ernähren hatten und **nie** rauchen durften. Der Machtmissbrauch begann dort, wo sich die Führungskraft in das Freizeitverhalten der Mitarbeiter einzumischen begann. Während der Arbeitszeit ist die Regel in Ordnung, die Freizeit allerdings ist jedermanns eigene Sache!*

Warum Führen auch Dienen heißt

Herrschen und Dienen sind zwei Seiten derselben Medaille. Ein Unternehmen läuft nur dann gut, wenn beide Modelle im rechten Augenblick gelebt werden. Anhand der folgenden Skizze möchte ich Ihnen erklären, auf welche Weise unternehmerische Vorgaben und Dienstleistungsgesinnung sich abwechseln sollten:

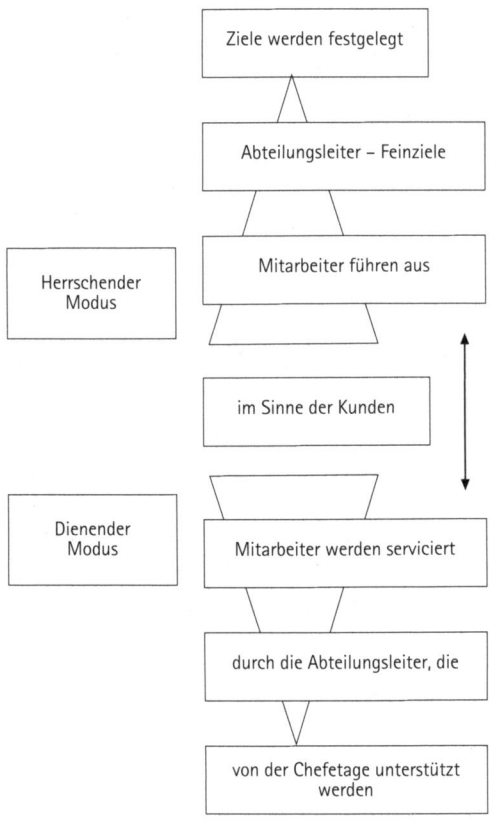

Das herrschende Modell

An der Spitze der Hierarchie steht der Chef, das Unternehmensziel wird festgelegt.

Die Ebene darunter ist von den Abteilungsleitern belegt, die das Unternehmensziel in Feinziele zerlegen und in Form operationaler Schritte weitergeben an
ihre Mitarbeiter, die in der festgelegten Form
die Kunden betreuen.

Sobald die Ziele die Mitarbeiterebene erreicht haben, switcht das Modell in die *dienende Richtung*:
Um die Kunden gut betreuen zu können, brauchen
die Mitarbeiter gutes Service durch
ihre Abteilungsleiter, die ihnen den Rücken freihalten, und auch sie werden von
der Chefetage beim Umsetzen der Unternehmensziele unterstützt.

Bliebe das Modell im herrschenden Modus verhaftet, so wären die Mitarbeiter laufend genötigt, ihren Abteilungsleitern und ihren Chefs zu dienen, nicht aber den Kunden. Durch den Switch in den dienenden Modus laufen Energie und Konzentration direkt zu den Kunden.

Zur Überprüfung der Unternehmensziele – durch Controlling und Soll-Ist-Vergleich – wird das Modell wieder gekippt: Switch in den herrschenden Modus. Die Unternehmensleitung ist wieder klar on top und gibt die Parole für die nächste Arbeitsperiode aus. Anschließend dreht sich das hierarchische Konstrukt wieder und so fort.

Führen mit „Gefühl" verringert Machtspiele

Jeder Mensch hat ab dem Zeitpunkt seiner Geburt (und auch schon vorher) *emotionale Grundbedürfnisse*, die sein Überleben sichern und befriedigt werden müssen.

Auch in der großen Familie namens Firma ist es wichtig, nicht nur die Arbeit zu sehen und den Verstand zu bedienen, sondern auch die Gefühlswelt der Menschen zu berücksichtigen und auf sie zu reagieren. Wer mit Gefühl führt, realisiert unsere innere emotionale Wahrheit, nimmt sie ernst, reagiert angemessen und verhindert emotional aufgeladene Machtspiele:

- Das Bedürfnis nach *Anerkennung* und *Selbstwert*:
Mitarbeiter für ihre besonderen (!) Leistungen anzuerkennen, setzt voraus, dass die Führungskraft die Qualität der Leistungen tatsächlich ermessen kann, sich also fachlich auskennt!

Nur von Kennern wirkt Aner-kenn-ung!

Wenn einer Führungskraft die fachlichen Kenntnisse fehlen, die ein Urteil möglich machen, kann sie sich die Informationen von Abteilungsleitern holen und diese auch zitieren: „Der Kollege teilte mir mit, wie zufrieden er mit Ihnen ist, weil Sie ...!"

Anerkennung sättigt nur, wenn sie von Herzen kommt!

Mitarbeiter für *normale* Leistungen *besonders* anzuerkennen, wäre kontraproduktiv!

- Das Bedürfnis nach *Selbstwirksamkeit*:
Jeder Mensch möchte sich seinen Fähigkeiten entsprechend entfalten können, möchte erkennen, wie sich sein Bemühen auswirkt. Führungskräfte sind gut beraten, die Fähigkeiten und Interessen ihrer Mitarbeiter auszuloten, sei es durch Potenzialanalysen, Mitarbeitergespräche oder Mut zum Risiko.
Nicht jedem das Gleiche, sondern jedem das Seine ist die Devise.
Das Bedürfnis, in rechtem Maß gefordert zu sein, ist dem Menschen innewohnend. Unterforderung führt ebenso wie Überforderung zur Unzufriedenheit, zum Burn-out- oder Bore-out-Syndrom.

- Das Bedürfnis nach *Orientierung* und *Information*:
Mitarbeiter wollen sich im Unternehmen auskennen, die Spielregeln und Abläufe kennen und wissen, was sie zu tun haben, wo ihre Reviere und Grenzen sind. Mitarbeitergespräche, Organigramme und Leitbilder machen die Kultur eines Unternehmens begreifbar. Regeln und Rituale geben Sicherheit. Das *Einstiegsritual* für neue Mitarbeiter zeichnet ein Unternehmen aus, es soll informativ gestaltet sein und dem Vorstellen genügend Zeit einräumen!
- Das Bedürfnis nach *Lust*:
Wir haben alle noch unser „inneres Kind", dem alles, was es tut, lustig sein muss – oder es gibt auf!

Ein gesundes Maß an Leistungsanforderung steigert die Lust am Arbeiten.

Ein gutes Betriebsklima, Möglichkeiten zum Gedanken- und Ideenaustausch fördern die *innere Kommunikation* im Unternehmen. Die Feste zu feiern, wie sie fallen – bei Erfolgen oder Misserfolgen, bei Ein- oder Ausstiegen et cetera –, trägt zur Luststeigerung bei und unterstützt das Gemeinschaftsgefühl. Führungskräfte erfahren und erspüren mehr von ihren Leuten, wenn Jours fixes oder ähnliche institutionalisierte Zusammenkünfte zur Unternehmenskultur gehören.
- Das Bedürfnis nach *Freiheit*:
In den abgesteckten Revieren bin ich mein eigener Herr. Diese Haltung gibt Sicherheit und fördert Kreativität und Motivation. Führungskräfte legen größten Wert auf die Freiheit der Entscheidung. Mitarbeiter wollen maximale Freiheit, wie sie eine Arbeit ausführen.
- Das Bedürfnis nach *Sicherheit* im Sinne eines sicheren Arbeitsplatzes:
Um eine sichere Entscheidung treffen zu können, braucht die Führungskraft die Gewissheit, den schlimmsten Fall zu kennen und überleben zu können. Auch die Führungskraft braucht von ihren Arbeitnehmern ein Maß an Sicherheit.

Die Botschaft: „Wenn es mir nicht mehr gefällt, höre ich auf!" verunsichert und führt dazu, in diesen Mitarbeiter keine besonderen Erwartungen zu setzen, ihm keine entsprechende Beachtung entgegenzubringen und ihn gegebenenfalls „freizusetzen".

Werden diese Bedürfnisse beachtet und weitgehend befriedigt, so ist ein gutes Maß an *Motivation* die Folge.

„The man in the mirror"

Führungskräfte haben Mandat und Kompetenz, ihre persönliche Autorität hat sich bereits aus ihrem guten Selbstbewusstsein entfaltet, doch bei alledem arbeiten sie ständig an der Entwicklung ihrer Persönlichkeit, um angstfrei jederzeit in den Spiegel blicken zu können. „The man in the mirror" geht den Weg, den der heilige Benedikt von Nursia bereits im Jahr 400 nach Christus vorgab. Er meinte, der Mensch müsse dreifach Rechenschaft ablegen: vor sich selbst, vor den anderen und vor Gott.

Dreifache Rechenschaft:

• *Vor sich selbst:* Ich blicke in den Spiegel und lasse zu, was ich sehe: die ganze Wahrheit. Selbstbetrug und Selbstlüge habe ich abgelegt. Ich erkenne, was mich führt und was mein Denken und Handeln leitet. Ich erfreue mich an meinen Erfolgen, an meinen Fähigkeiten und Qualitäten. Zugleich habe ich die Kraft und den Mut, auch meine Schattenseiten zu sehen.

• *Vor den anderen:* Ich kann ohne Angst und Scham offen zu meinen Entscheidungen und Handlungen stehen. Ich überprüfe, ob ich Grenzen verletzt habe oder Potenziale ungenutzt vergeudet habe, indem ich mich zu wenig an die Grenzen meiner selbst und anderer gewagt habe. Ich frage meine Mitarbeiter und Kollegen offen um ihre Meinung zu meinen Handlungen.

- *Vor Gott:* Ich bin still und höre.

Leben führen wir und überprüfen wir uns auf diese dreifache Art, so bewahren wir eine Form von Anstand und Würde, die sich innerhalb eines großen Freiraumes bewegt: Es ist die Freiheit, alles zu fühlen und wahrzunehmen, was ist – alle Gefühle, die gerade aufwühlen oder niederdrücken; alle Umstände, in denen ich mich bewege; alle Menschen, mit denen ich zu tun habe; Beziehungen, die mich bereichern oder auslaugen; die Natur, das Leben und den Tod. Erich Fried hat den Sinn dieser Worte sehr trefflich in einem knappen Satz zusammengefasst: „Es ist, was es ist, sagt die Liebe."

Wir haben die Freiheit, zu uns stehen zu dürfen, die Freiheit, uns zu akzeptieren und für in Ordnung zu halten. Die Grenze meiner Freiheit beginnt dort, wo ich mich der Grenze des anderen nähere, diese Grenze achte und dementsprechend mein Verhalten ausrichte.

Das etwas verstaubte Wort „Würde" beschreibt gut, was es bedeutet, mit eigenen und fremden Grenzen „rechtschaffen" umzugehen.

Führung zu übernehmen bedeutet, die Würde der *Macht und* die Bürde der *Verantwortung* zu tragen.

Das Gewicht der Verantwortung

Ein Vater wollte den Familienbetrieb an seine drei Kinder übergeben. Er hatte aber Angst, die Jungen könnten diese Aufgabe nicht schaffen, obwohl sie sich das Gewicht der Verantwortung ja teilen konnten. Durch innere Schau erkannte ich, dass die Angst des Vaters berechtigt war, und ich konnte mir auch erklären, warum:

Als der Mann seinen Betrieb gründete, stellte er vier Mitarbeiter ein. Die Bürde seiner Verantwortung betrug gleichsam vier Kilogramm. Nach einigen Jahren wuchs die

Mannschaft auf zehn Mitarbeiter und schließlich schrittweise auf 70 und so weiter bis zur heutigen Anzahl von 150 Personen. Durch die langsame Entwicklung wuchs auch die Kondition des Firmengründers: „Der Mensch wächst mit der Aufgabe." So schaffte er zum Schluss 150 Kilogramm ganz allein, konnte aber nicht verstehen, warum seine Kinder nicht ihre jeweils 50 Kilogramm bewältigen konnten. Die Kinder gingen in die Knie, weil sie kein Aufbautraining absolviert hatten!

Wer Führungskräfte einsetzt, muss darauf achten, wie viel Verantwortung sie tragen können, und sie langsam an das Gewicht der Verantwortung heranführen.

Ebenso verhält es sich mit dem, der Gewicht abgibt. Wenn er auf einmal die ganze Last abgibt, können Probleme entstehen. Gesundheitliche oder psychische Auswirkungen zeigen sich dann im sogenannten Pensionsschock. Wenn er langsam Verantwortung abgibt, dann können beide – der Gebende und der Nehmende – in die neue Situation hineinwachsen!

Verantwortung verpflichtet den Menschen, für sich und seine Sache, seine Entscheidungen, seine Handlungen einzutreten und die Folgen zu tragen. Seine Sache, seine Entscheidungen, seine Handlungen bewegen sich im Rahmen seines Verantwortungsbereiches. Das objektive Ausmaß dieses Bereiches – der zugestandenen Macht – und das subjektive Gefühl, wofür ich verantwortlich bin, sollen übereinstimmen!

Fühle ich mich für Dinge verantwortlich, die nicht in meiner Macht, in meinem Verantwortungsbereich, liegen?

Fühlen sich meine Mitarbeiter für Bereiche zuständig, wozu ich sie nicht ermächtigt habe?

Diese beiden Aspekte sauber zu trennen und klar zu kommunizieren, wer wofür zuständig und verantwortlich ist, bewährt sich sehr. Wenn die Grenzen zwischen Ermächtigung und diffusem Sich-verantwortlich-Fühlen unklar sind, führt das innerhalb der Betroffenen zu Grenzverletzungen, Un-frieden und Unzu-frieden-heit.

Beispiel: Eine Pflegehelferin trat ihren Dienst im Altenheim an. Nach ein paar Tagen erzählte sie mir von den vielen Unzulänglichkeiten des Heimes in Verwaltung, Organisation und Pflege. Sie selbst hatte Verbesserungsvorschläge en masse. Obwohl sie nur für die Pflege von Personen verantwortlich war, fühlte sie sich für das ganze Heim zuständig. Ich antwortete ihr zugegebenermaßen sehr deutlich, um sie aufzurütteln: „Als Führungskraft würde ich Sie sofort rauswerfen, Sie machen ja meine Arbeit!"

Oft entstehen für Mitarbeiter Dilemmata, wenn sie nicht wirklich erkennen können, wofür sie Verantwortung tragen. „Eigentlich ist es nicht meine Arbeit, aber irgendwie wird von mir erwartet, das zu erledigen oder sogar zu entscheiden." In diesem Fall hilft nur ein offenes klärendes Wort: Reviere so deutlich wie möglich abstecken!

Eine Führungskraft hat viel erreicht, wenn sie feststellt, dass ihre Mitarbeiter sich mitverantwortlich fühlen, wenn sie motiviert mitdenken, engagiert sind und gerne für die Firma arbeiten!

Aber Achtung: Unterscheiden Sie zwischen sich mitverantwortlich fühlen und Verantwortung tragen!

Die richtige Ausrüstung für diese Gratwanderung ist folgende Einstellung: Es ist erwünscht, wenn Mitarbeiter Vorschläge einbringen, aber ihre Umsetzung einzufordern, wäre ein Schritt über die Grenze ihrer Verantwortlichkeit. Auch wenn ein Vorschlag aus der Belegschaft umgesetzt wird, trägt die Führungskraft die volle Verantwortung dafür.

Auch innerhalb einer Person kann ein Konflikt zwischen Sich-verantwortlich-Fühlen und Verantwortlich-Sein auftreten.

Ein Sozialarbeiter, der mit Suchtkranken arbeitet, erzählte: „Wir müssen höllisch aufpassen, dass wir den Lügen unserer Klienten nicht aufsitzen. Im Kopf wissen wir zwar, dass die Sucht ihre Handlungen steuert und sie lügen, um an Stoff zu kommen oder die Sucht zu verschleiern, aber wir würden halt so gerne glauben, dass sie gerade zu uns endlich wirklich Vertrauen haben und ehrlich sind! Wir erkennen unsere Grenzen nicht. Dann schnappt die Falle zu und wir fühlen uns für ihr Leben mitverantwortlich und tragen die Last der Sucht mit. Ein neuerlicher Griff zur Droge enttäuscht uns persönlich.

Wer erkennt, wo seine Grenzen sind, verringert die Gefahr, in ein Burn-out-Syndrom, einen Zustand krankhafter Erschöpfung, zu schlittern. Die ständige Diskrepanz zwischen „mehr wollen" und „weniger können" mit all ihrer Erfolglosigkeit erzeugt Dauerstress und Frustration und macht den Menschen krank.

Sich immer wieder auf den Boden der Realität zu stellen und zu überprüfen, was möglich ist, jenseits sozialromantischer Vorstellungen oder unrealistischer Ansprüche, bewahrt vor einem Übergewicht an Verantwortung!

Gute Führungskräfte erkennen und akzeptieren die Grenzen ihrer Verantwortung – um ihrer selbst willen, um nicht auszubrennen. Ebenso anerkennen sie die Grenzen ihrer Macht, um der anderen willen, um niemanden zu verletzen.

6. Kapitel

Meisterklassen des Lebens

Würde ich eine Schule des Lebens gründen, so hätte diese vier Meisterklassen:
- die Meisterklasse des Tuns
- die Meisterklasse des Denkens
- die Meisterklasse des Herzens
- die Meisterklasse der Intuition

Je meisterlicher sich jemand in diesen Klassen bewegt, umso leichter lebt er, umso erfüllter lebt er, umso gelassener und gereifter ist seine Persönlichkeit.

Die Kunst, gut zu führen, entfaltet sich in den Meisterklassen des Lebens.

Die Schule des Lebens ist eine Schule des Führens, denn sie bildet uns ganzheitlich – unser Tun und unsere Leiblichkeit, unser Denken und Wollen, unser Fühlen und Mitfühlen, unsere Intuition und Spiritualität. Werde, der du bist, ist das Ziel dieser Schule. Werde, der du bist, ist der Schlüssel zur Kunst des guten Führens.

Die Meisterklasse des Tuns

Die erste Meisterklasse wird von den Gesetzen der *Bio-Logik* dominiert, in ihr lernen wir das Tun.

Das Leben selbst (Bio...) lehrt uns die ersten Entwicklungsschritte, wie atmen, verdauen, die Sinne benutzen, sitzen, krabbeln, stehen, gehen, sprechen und vieles andere mehr. Wir werden gerüstet für die praktischen Anforderungen des Alltags. Durch den uns innewohnenden Entwicklungswillen und unsere Körperweisheit lernen wir in der ersten Meisterklasse, uns zu spüren, zu bewegen. Mithilfe unseres Körpers eignen wir uns die Welt an. In der ersten Meisterklasse entwickelt sich unser Gesundheitsbewusstsein, das wir ein Leben lang pflegen sollten.

Diese Meisterklasse erstreckt sich etwa über die ersten 20 Jahre unseres Lebens. Es ist die Meisterklasse der Fertigkeiten, vom Maschebinden bis zum Fliesenlegen, vom Schuhanziehen bis zum Kochen erlernen wir Lebenspraktisches.

Eine werdende Führungskraft lernt in dieser Klasse das praktische Rüstzeug für die fachliche Seite ihrer späteren Projekte oder bereitet sich zumindest darauf vor.

Organisatoren lernen, den Computer zu bedienen, Techniker, an Maschinen zu basteln, Handwerker, mit Werkstoffen umzugehen et cetera.

Die ersten beiden Meisterklassen werden von Familie und Gesellschaft gut abgedeckt. Einrichtungen, wie Kindergarten und Schule sowie Lehrausbildung, gewährleisten, dass wir die Meisterklasse des Tuns absolvieren können. Unser Abschluss wird dennoch nie erreicht sein, wir können auch in viel späteren Jahren noch an unserem Tun arbeiten und neue Fertigkeiten erlernen!

Die Meisterklasse des Denkens

Die zweite Meisterklasse wird von den Gesetzen der *Logik* dominiert, in ihr lernen wir das Denken. Unsere Schul-, Lehr- und Studienzeit fällt in diesen Zeitraum zwischen unserem 10. und 30. Lebensjahr.

Wir erlernen die kognitiven Fertigkeiten des Lesens, Schreibens, Rechnens. Wir eignen uns ein Maß an Allgemeinbildung an. Wir lösen Rätsel, lesen Bücher, spielen Brettspiele und stellen logische Zusammenhänge auf. Wir studieren, erlernen Berufe, legen Prüfungen ab. Wir denken über das Denken nach, üben uns in Mentaltraining, versuchen, über Denkweisen unser Leben zu lenken, erkennen die Macht der Gedanken.

Führungskräfte finden in dieser Meisterklasse gutes Werkzeug, um ihre Visionen umzusetzen.

Erziehung und Bildung treten in der zweiten Meisterklasse in Kraft. Mit unserem Denken eignen wir uns die Welt an. Was Schule und Studium zumeist wenig berücksichtigen, ist das Wissen um die Wirkungsweisen unseres Denkens – zum Beispiel durch das Gesetz der Anziehung.

Außerhalb unserer öffentlichen Einrichtungen wie Schule und Studium – nämlich auf dem freien Markt der Weiterbildung – werden viele Seminare angeboten, die sich dieser „Secrets des Denkens" annehmen, wie neurolinguistisches Programmieren (NLP) oder andere Mentaltrainings.

Sie lehren uns, wie die Macht unserer Gedanken unser Schicksal beeinflussen kann.

Das Gesetz der Anziehung bedeutet, dass wir anziehen, was wir denken. Menschen, die nach diesem Gesetz leben, wollen mit positiven Gedanken und Mentaltechniken wie Affirmationen (lebensbejahenden, aufmunternden Stehsätzen wie „Ich bin ein selbstbewusster, wertvoller Mensch"), Glaubenssätzen (wie „Yes, we can!"), kraftvollen Visionen (Zukunftsbildern) und einem kräftigen Schuss Glauben ihr Leben nach ihren Wünschen gestalten. „Der Glaube versetzt Berge."

Der Weise sagt: „Prüfe, was du dir wünschst, es könnte wahr werden!"

Die Meisterklasse des Herzens

Die dritte Meisterklasse wird von den Gesetzen der *Psycho-Logik* dominiert.

In der Meisterklasse des Herzens erwacht das Interesse für die Seele.

Im Alter zwischen 30 und 50 Jahren reflektieren wir in besonderem Maße seelische Vorgänge. Wir denken über unser Leben nach, hinterfragen unsere Lebensweise, spüren unseren Bedürfnissen nach und versuchen, die Psyche besser zu begreifen. Wie tickt der Mensch?

In der dritten Klasse sind Persönlichkeitsentwicklung, Kommunikation, Umgang mit Angst oder anderen Gefühlen, Beziehungsprobleme, Krisenmanagement et cetera die Lektionen. Neben dem umfangreichen Seminarangebot bietet das persönliche Umfeld mit all seinen Beziehungen, in denen Gefühle im Spiel sind, Lernfelder – sei es in der Familie, im Freundeskreis, in der Arbeit.

Führungskräfte können in der dritten Meisterklasse an der Entwicklung ihrer Persönlichkeit und ihrer Führungskompetenz durch persönliches Coaching arbeiten. Sie können mit Kollegen ihre Arbeit reflektieren, gute Freunde zu Rate ziehen, die ehrlich zu ihnen sind, oder Seminare zur Persönlichkeitsentwicklung besuchen.

Die Herzensqualität dieser Meisterklasse verhilft Führungskräften zu guter Menschenkenntnis und Mitgefühl.

Sie fördert ihre soziale Kompetenz und ihre Kommunikationsfähigkeit.

Für die Klassen drei und vier, deren Existenz manchen Menschen nicht einmal bewusst ist, war bisher die Kirche zuständig. Heute fehlt die Institutionalisierung dieser Meisterklassen weitgehend. Früher erhielten die Menschen

durch den sonntäglichen Kirchgang und das Eingebunden-
sein in die pfarrliche Gemeinschaft Hinweise, wie sie leben
sollten, und ihre Seele erfuhr Seelsorge durch den Pfarrer.
Doch dieses System zerfällt. Die „Schafe" verlaufen sich in
alle Richtungen und die „Hirten" lassen sie ziehen, weil sie
sich nicht auf sie zubewegen wollen, dürfen oder können.
Heute übernehmen Weiterbildungsangebote aus dem psy-
chosozialen Bereich und aus der Esoterik diese Aufgabe.
Es ist eine besondere und besonders reife Form der Demut,
lern-willig zu sein! Ihr Gegenteil – der Hochmut – ist eine
der größten Fallen für Führungskräfte und Erfolg seine
Brutstätte. Im Misserfolg den Erfolg und im Erfolg den
Misserfolg sehen zu können, verhilft uns dazu, auf dem
Boden zu bleiben, uns nicht von der Realität zu entfernen,
weder durch Hochmut noch durch Selbstmitleid.

Die Meisterklasse der Intuition

Die vierte Meisterklasse wird von den Gesetzen der *Theo-
Logik* dominiert.

Nun suchen wir nach geistlichen Erkenntnissen.

Im Alter zwischen 40 und 60 Jahren drängt sich die Sehnsucht nach Spiritualität mehr und mehr in unser Leben. Wir
suchen nach Gott und begeben uns auf spirituelle Reisen:
Vielleicht zieht es uns wieder mehr in die Kirche oder wir
suchen die Stille. Wir versuchen, unsere Intuition wahrzunehmen und ihr zu vertrauen.
Das Lernfeld der vierten Meisterklasse sind Träume, Ideen,
persönliches Ideenmanagement – wie „verwalte" ich meine
Ideen und meine spontanen Einfälle, um sie nicht zu vergessen? Setze ich sie um?

*Ich habe in meinem Notizbuch eine Rubrik für spontane
Ideen frei gehalten, in die ich Einfälle sofort notiere. Wenn*

mir zum Beispiel einfällt, was einen lieben Menschen als Geschenk erfreuen könnte, wenn Bilder in mir aufsteigen, wie ich mir mein Arbeitszimmer vorstelle et cetera, halte ich diese Gedanken schriftlich fest. Durch dieses „Festhalten" kann ich darauf zurückgreifen und sie umsetzen. So lebe ich viel bewusster und authentischer.

Führungskräfte arbeiten nach dem Motto: „Spirituell führen heißt, durch die Persönlichkeit zu führen."

Die in der ersten Klasse erworbene Körperwahrnehmung führt uns nun wie eine Spur mehr und mehr zu uns selbst, zu unserem Bauchgefühl, zu unserer Intuition und schließlich zu Gott.

Heute befasst sich, neben der Kirche, auch das weite Feld der Esoterik mit Gott, Spiritualität und Intuition. Oft gestaltet sich die Suche nach dem Göttlichen, nach der Wahrheit, als Labyrinth. Welcher der vielen angebotenen Wege ist der richtige für mich? „Erkenne dich selbst, dann wirst du Gott erkennen." Dieser Leitsatz begleitet mich seit Jahren und ist gleichsam der rote Faden der Ariadne, der mich durch das Labyrinth führt.

Die vierte Klasse bietet Zeit für Stille und Meditation.

Dies kann ein Meditationswochenende sein oder eine Wanderung in der Natur. Auch bei ungestörten Autofahrten, bei einsamen Radtouren oder beim täglichen Joggen können die Lektionen der vierten Meisterklasse stattfinden: in sich hineinhören – gehorsam werden –, also auf das Gehörte horchen und danach handeln, auf seinen Körper hören, Intuition wahrnehmen, vertrauen, im Hier und Jetzt sein, Gott hören.

Ungestört, ohne Handy, ohne Leistungs- und Zeitdruck mit sich allein sein lässt den Gedanken, Ideen, Verarbeitungsphasen freien Raum. Die Intuition – jene Stimme, die sich aus dem universellen Wissen speist –, meldet sich am deutlichsten, wenn Störfaktoren ausgeschaltet sind.

Die vierte Meisterklasse ist eine Zeit, in der sich Bedeutungen und Wertigkeiten verschieben: Natur, herzliche menschliche Kontakte, Zeit für sich und das Gespräch mit Gott schieben sich in den Vordergrund. Das Wesentliche setzt sich klarer vom Unwesentlichen ab.

Welche Meisterklasse besuche ich gerade?

Jede Meisterklasse macht ein Viertel einer runden Persönlichkeit aus.

Jedes Feld hat seine Qualitäten und sein Potenzial. Der Mensch, der die Meisterklassen der Lebensschule durchläuft, geht einen Weg der Reife. Jede Meisterklasse ist wichtig und notwendig, es gibt keine Rivalisierung, weil es keine bessere und keine schlechtere, keine leichtere und keine schwierigere gibt.

Führungskräfte, die mit Lust und Persönlichkeit führen, die sich der Kunst, gut zu führen, verschrieben haben, sind gerne bereit, sich immer wieder in die Meisterklassen zu vertiefen und aufmerksam in sich hineinzuhören, was der innere Weg der persönlichen Entwicklung als Nächstes braucht.

Als Wegweiser dienen Sehnsüchte wie: „Einmal allein über die Alpen radeln!" oder „Einmal den seelischen Rucksack auspacken können!" oder „Irgendwann einmal noch studieren!" oder „Singen, singen, singen!" et cetera.

Grenzsituationen in unserem Leben können als Wegweiser verstanden werden: Eine Kündigung macht plötzlich etwas Neues notwendig – Zeit, sich seine Mission wieder ins Bewusstsein zu holen! Eine Beziehung geht in die Brüche – warum haben wir uns nicht erkannt, nah an uns herangelassen? Und schon arbeiten wir wieder in der Meisterklasse des Herzens!

Auch innere Stimme und Intuition sind Hinweise für nächste Schritte:

Die Ausbildung zum Meditationsleiter verdanke ich meiner inneren Stimme, die mir eines Nachts den Schlaf raubte. Nach der Lektüre des Folders „Meditationsleiter-Lehrgang" rief mir die Stimme immer wieder zu: „Du hast dich noch nicht angemeldet!" Erst als ich es endlich getan hatte, ließ sie mich ruhen, und ich konnte beruhigt einschlafen. Heute weiß ich: Es war eine der richtigen Entscheidungen meines Lebens!

Intuition wird Bauchgefühl genannt, es ist der erste (oder einsame) spontane Gedanke. So schließt sich der Kreis: Die Intuition der vierten Meisterklasse trifft auf die Leiblichkeit der ersten Meisterklasse! Erinnern Sie sich an das Entscheidungsmodell des Ignatius von Loyola: Frage deinen Verstand, dein Herz und deinen Bauch!

Die Vernunft des Kopfes, die wir in der zweiten Meisterklasse trainieren, das Gefühl des Herzens, zur Meisterschaft gebracht während der dritten Meisterklasse, und die Intuition aus Spiritualität und Körperwahrnehmung, geübt in der vierten Meisterklasse und vorbereitet in der ersten Meisterklasse, bilden in Entscheidungsphasen kongeniale Partner!

Die Kunst oder das kreative Tun sind meisterklassenübergreifende Medien.

In ihnen finden sich das Körperbewusstsein der Bio-Logik, das konzeptive Denken der Logik, die Emotionalität und Betroffenheit der Psycho-Logik und die intuitive und spirituelle Ebene der Theo-Logik. Sich künstlerisch zu betätigen befriedigt und sättigt auf vielen Ebenen. Kunst und Kreativität führen in besonderer Weise zu sich selbst.

7. Kapitel

Persönlichkeitsentwicklung am Beispiel des Märchens vom „Eisenhans"

Lieben Sie Märchen? Wenn ja, ist das eine gute Voraussetzung für dieses und das nächste Kapitel. Denn hier werden wir das Märchen vom „Eisenhans" genauer betrachten und analysieren. Wir werden versuchen, seine Symbole zu deuten, und ich werde Ihnen die Weisheit des „Eisenhans" und seiner „Mitakteure" nahebringen. Wir werden von Initiation, also Einweihung, sprechen und das Märchen als seelischen Reifungsweg begreifen.

Sie lieben Märchen nicht? Vielleicht erinnern Sie sich an Ihre Kindheit und spüren plötzlich, dass es doch Spaß machen würde, wieder einmal ein Märchen zu lesen. Das würde mich sehr freuen!

Man könnte den „Eisenhans" mit seinen vielen Hinweisen zur Kunst des guten Führens als den letzten Schliff bezeichnen – oder besser: den vorerst letzten Schliff. Weiterentwicklung hat ja bekanntlich kein Ende! Der Diamant, der in uns allen steckt, erfährt einen letzten Schliff – nun brilliert er wirklich! Er wird zu dem, der er ist!

In diesem Sinne lade ich Sie herzlich ein auf das Abenteuer Märchen!

Die Kunst, gut zu führen, und die Entwicklung der eigenen Persönlichkeit sind eng miteinander verbunden. Angstfreie, vertrauensvolle und kompetente Persönlichkeiten gehen voller Kraft und Lust an ihr Leben, ihre Aufgaben und ihre Führungstätigkeit.

Wenn wir uns mit Persönlichkeit beschäftigen, wenn wir Hinweise suchen, wie wir sie wirkungsvoll entwickeln können, kommen wir am Thema Initiation nicht vorbei.

Initiation ist in unserem Kulturkreis ein etwas vernachlässigter Aspekt der Erziehung. Denn in ihrem ursprünglichen Wortsinn bedeutet Initiation Ein-weih-ung, Einweihung durch Ältere in die Geheimnisse des Lebens, des Erwachsenwerdens, des Bewältigens anstehender Lebensaufgaben. Im Altertum sicherte sie den Zugang zu den Mysterien des entsprechenden Kulturkreises, bei den Naturvölkern wurde und wird durch die Initiation die Aufnahme Jugendlicher in den Kreis der vollwertigen Stammesmitglieder eingeleitet. Initiation wird von den Älteren einer Gruppe, den Stammesvätern oder den Hohepriestern, geleitet, von den Angehörigen billigend begleitet und von den Jungen mit Ehrfurcht und Würde begangen.

In unserem Kulturkreis können wir die Firmung oder die Konfirmation als vergleichbares Ritual nennen. Mag dieses Fest auch manchmal nur noch äußere Hülle für religiöses Brauchtum sein, so dient es doch zumeist einer freundschaftlichen Annäherung des Jugendlichen an seinen Paten, womit ein wesentlicher Teil der Initiation gewährleistet werden kann: Paten, wohlmeinende Erwachsene, Lehrer oder später Seminarleiter oder Coachs können durchaus ihre Schützlinge einweihen in die „Geheimnisse" des Lebens, in die Bewältigung anstehender Lebensaufgaben.

Manchmal sind die Riten alter Zeiten und fremder Kulturen für uns unverständlich, da sie mit der Trennung vom elterlichen Schoß und mit schmerzhaften Behandlungen, wie Tätowierungen oder Insektenbädern, verbunden sind. Oft dienen diese archaischen Riten auch Hygienezwecken oder der körperlichen Immunisierung, ihr „heiliger Zweck" ist es aber, den Jüngeren gleichsam einen Schub in das Erwachsenwerden zu versetzen.

Dass diese Riten entarten können, ist an den – in afrikanischen Kulturen gängigen – Beschneidungen der Klitoris kleiner Mädchen deutlich geworden. Diese haben nichts mehr mit Initiation, sondern vielmehr mit dem Machterhalt der Männer über Frauen zu tun, indem sie ihnen die Freude an der Sexualität im wahrsten Sinne des Wortes wegschneiden.

In diesem Buch wollen wir uns mit der Initiation als Weg der seelischen Reifung des Menschen beschäftigen. Wir können „Initiatoren", also Einweiher, in den Zeilen dieses Buches finden, in ehrlichen Gesprächen mit guten Freunden, in Beratern, Therapeuten oder geistlichen Begleitern oder in uns selbst.

Uraltes Wissen von den Schritten seelischer Reifung findet sich in symbolischer Form in vielen alten Volksmärchen.

Das Märchen „Der Eisenhans", das sich in besonderem Maße mit Führungsqualitäten beschäftigt, lädt dazu ein, seine Lebensaufgaben und Reifungsschritte zu überdenken, die geleisteten wie die noch ausständigen. Dabei verstehe ich Reife nicht als linearen Weg, sondern als spiralförmigen Prozess, in dem Themen und Reifeschritte in unterschiedlichem Grad und unterschiedlicher Ausformung immer wieder in unser Leben treten. Frauen kennen ihren „Eisenhans" als „Wolfsfrau", als „Hexe" oder ähnliche wilde Figuren. Es geht um die Instinktnatur, die beide Geschlechter in sich tragen. So betrifft dieses Märchen Männer wie Frauen.

Das Märchen „Der Eisenhans"

Und dies ist die Geschichte vom „Eisenhans", ein Volksmärchen der Gebrüder Grimm. Sie finden diese Geschichte in gesammelten Volksmärchen und im Buch „Eisenhans" von Robert Bly.

Der Eisenhans
Es war einmal ein König, der hatte einen großen Wald bei seinem Schloss, darin lief Wild aller Art herum. Zu einer Zeit

schickte er einen Jäger hinaus, der sollte ein Reh schießen, aber er kam nicht wieder. „Vielleicht ist ihm ein Unglück zugestoßen", sagte der König und schickte seine Jäger hinaus, ihn zu suchen. Aber auch von diesen kam keiner wieder heim, und von der Meute Hunde, die sie mitgenommen hatten, ließ sich keiner wieder sehen. Von der Zeit an wollte sich niemand mehr in den Wald wagen. Das dauerte viele Jahre. Da meldete sich plötzlich ein fremder Jäger bei dem König, suchte eine Versorgung und erbot sich, in den gefährlichen Wald zu gehen. Der König aber wollte seine Einwilligung nicht geben, weil er um das Leben des Jägers fürchtete. Der Jäger aber sagte: „Herr, ich will's auf meine Gefahr wagen – von Furcht weiß ich nichts."

Der Jäger begab sich also mit seinem Hund in den Wald. Es dauerte nicht lange, so geriet der Hund einem Wild auf die Fährte und wollte hinter ihm her; kaum aber war er ein paar Schritte gelaufen, so stand er vor einem tiefen Pfuhl, konnte nicht weiter, und ein nackter Arm streckte sich aus dem Wasser, packte ihn und zog ihn hinab. Als der Jäger das sah, ging er zurück und holte 20 Männer, die mussten mit Eimern kommen und das Wasser ausschöpfen. Als sie auf den Grund sehen konnten, lag da ein wilder Mann, der braun am Leib war wie rostiges Eisen und dem die Haare über das Gesicht bis zu den Knien herabhingen. Sie banden ihn mit Stricken und führten ihn fort in das Schloss. Der König ließ ihn in einen eisernen Käfig auf seinem Hof setzen und verbot bei Todesstrafe, die Türe des Käfigs zu öffnen, und die Königin musste den Schlüssel selbst in Verwahrung nehmen. Von nun an konnte ein jeder wieder in Sicherheit in den Wald gehen.

Der König hatte einen Sohn von acht Jahren, der spielte einmal auf dem Hof und bei dem Spiel fiel ihm sein goldener Ball in den Käfig. Der Knabe lief hin und sprach: „Gib mir meinen Ball heraus." „Nicht eher", antwortete der Mann, „als bis du mir die Türe aufgemacht hast!" „Nein", sagte der

Knabe, „das tue ich nicht, das hat der König verboten", und lief fort. So ging dies drei Tage. Doch dann war der König auf die Jagd geritten, da kam der Knabe nochmals und sagte: „Wenn ich auch wollte, ich kann die Türe nicht öffnen, ich habe den Schlüssel nicht." Da sprach der wilde Mann: „Er liegt unter dem Kopfkissen deiner Mutter, da kannst du ihn holen." Der Knabe, der seinen Ball wiederhaben wollte, schlug alle Bedenken in den Wind und brachte den Schlüssel herbei. Die Türe ging schwer auf und der Knabe klemmte sich den Finger ein. Als sie offen war, trat der wilde Mann heraus, gab ihm den goldenen Ball und eilte hinweg. Dem Knaben war angst geworden, er schrie und rief ihm nach: „Ach wilder Mann, geh nicht fort, sonst bekomme ich Schläge!"

Der wilde Mann kehrte um, hob ihn auf, setzte ihn auf seinen Nacken und ging mit schnellen Schritten in den Wald hinein. Als der König heimkam, bemerkte er den leeren Käfig; er schickte Leute aus, die den Knaben auf dem Feld suchen sollten, aber sie fanden ihn nicht. Da konnte er leicht erraten, was geschehen war, und es herrschte große Trauer an dem königlichen Hof.

Als der wilde Mann in dem finsteren Wald angelangt war, setzte er den Knaben ab und sprach zu ihm: „Vater und Mutter siehst du nicht wieder, aber ich will dich bei mir behalten, denn du hast mich befreit und ich habe Mitleid mit dir. Wenn du alles tust, was ich dir sage, so sollst du's gut haben, denn ich habe Schätze und Gold, mehr als sonst jemand in der Welt!"

Er legte den Knaben auf ein Lager mit Moos zum Schlafen. Am nächsten Morgen führte er ihn zu einem Brunnen und sprach: „Bewache diesen Goldbrunnen, der hell und klar ist wie Kristall. Sieh zu, dass nichts hineinfällt!" Der Knabe tat, wie ihm geheißen, beobachtete die goldenen Fische und Schlangen, die sich im Brunnen aufhielten, und als er so dasaß, schmerzte ihn sein verwundeter Finger. Unwillkürlich tauchte er ihn kurz ins kühle Wasser, da war er auch schon vergoldet! Am nächsten Morgen saß der Knabe wieder am Brunnen, der Finger tat ihm weh und er fuhr sich über seinen Kopf, da fiel ein Haar herab in den Brunnen. Er zog es schnell heraus, aber es war vergoldet.

Am dritten Tag ward dem Knaben die Zeit am Brunnen lang und er betrachtete sein Spiegelbild, sodass er sich selbst in die Augen sehen könne. Da fielen ihm die Haare von den Schultern herab in das Wasser. Er richtete sich schnell auf, aber das Haupthaar war schon vergoldet und glänzte in der Sonne. Der arme Knabe erschrak und band sein Taschentuch um den Kopf. Als Eisenhans kam, wusste er bereits alles, er sprach: „Nun ist es Zeit für dich, in die Welt hinauszugehen! Weil du kein böses Herz hast und ich's gut mit dir meine, will ich dir eins erlauben: Wenn du in Not bist, so geh zu dem Wald und rufe ‚Eisenhans!', dann will ich kommen und dir helfen. Meine Macht ist groß, größer, als du denkst, und Gold und Silber habe ich im Überfluss!"

Da verließ der Königssohn den Wald und kam schließlich in eine große Stadt, in der er Arbeit suchte. Das war sehr mühsam, denn er hatte nichts gelernt. Auch die Hofleute am Schloss, wo er zuletzt vorsprach, wussten nicht, wozu sie ihn brauchen sollten, aber sie hatten Wohlgefallen an ihm gefunden und schickten ihn in die Küche, um Holz und Wasser zu tragen und die Asche zusammenzukehren. Da er auch vor dem König sein Haupt nicht entblößen wollte, behielt er stets sein Hütchen auf. Der König wurde zornig und schickte ihn fort. Aber der Koch hatte Mitleid und vertauschte ihn mit dem Gärtnerjungen.

Nun musste der Junge im Garten pflanzen und gießen und auch bei großer Hitze seine Arbeit tun. Einmal im Sommer, als er allein im Garten war, entblößte er sein Haupt, um es von der Luft kühlen zu lassen. Da begab es sich, dass sich die Sonnenstrahlen in seinem goldenen Haar verfingen und in das Schlafzimmerfenster der Königstochter blitzten. Diese sprang auf, erblickte den Jungen und gebot ihm, ihr Blumen zu bringen. Der Junge bedeckte sofort sein Haupt, pflückte einen Strauß Wildblumen und eilte zur Königstochter. „Nimm dein Hütchen ab!", rief sie, entriss es ihm und sah seine goldene Haarpracht.

Nicht lange danach ward das Land mit Krieg überzogen. Der König wusste nicht, ob er dem mächtigen Feind Widerstand leisten könnte. Da sagte der Gärtnerjunge: „Ich bin herangewachsen und will mit in den Krieg ziehen, gebt mir nur ein Pferd!" Die anderen lachten und überließen ihm einen alten lahmenden Gaul. Der Junge setzte sich auf diesen und ritt allein nach dem dunklen Wald. Dort rief er dreimal: „Eisenhans!" Gleich darauf erschien der wilde Mann und sprach: „Was verlangst du?" „Ich verlange ein starkes Ross, denn ich will in den Krieg ziehen." Der Junge bekam ein Ross, das schnaubte aus den Nüstern und war kaum zu bändigen, und eine große Schar Kriegsvolk, ganz in Eisen gerüstet, ihre Schwerter blitzten in der Sonne.

Als sie sich dem Schlachtfeld näherten, war schon ein großer Teil von des Königs Leuten gefallen. Da jagte der Jüngling mit seiner eisernen Schar heran, fuhr wie ein Wetter über die Feinde und schlug alles nieder, was sich ihm widersetzte. Sie wollten fliehen, doch der Jüngling verfolgte sie, bis kein Mann mehr übrig war. Statt aber zum König zurückzukehren, führte er seine Schar auf Umwegen wieder zum Wald und rief den Eisenhans heraus, um Ross und Krieger wieder gegen sein lahmes Pferd zu tauschen.

Im Schloss wollte die Königstochter ihren Vater zum Sieg beglückwünschen, der sprach: „Ein fremder Ritter, der mit seiner Schar zu Hilfe kam, hat den Sieg errungen." Die Tochter wollte wissen, wer der fremde Ritter war, aber niemand wusste es. Da erkundigte sie sich nach dem Gärtnerjungen und es hieß: „Eben ist er mit seinem lahmen Pferd heimgekommen." Alle lachten und spotteten. Er aber sagte: „Ich habe das Beste getan und ohne mich wäre es schlecht gegangen." Da ward er noch mehr ausgelacht.

Der König sprach zu seiner Tochter: „Ich will ein großes Fest geben und du sollst einen goldenen Apfel werfen, vielleicht kommt der Unbekannte herbei!" Der Jüngling hörte dies und ging erneut in den Wald zu Eisenhans. „Was verlangst du?", fragte Eisenhans wieder. „Ich will den goldenen Apfel der Königstochter fangen." Eisenhans schenkte dem Jüngling einen roten Fuchs und eine rote Rüstung für den ersten Tag, einen Schimmel und eine weiße Rüstung für den zweiten Tag, und am dritten Tag kleidete er ihn in eine schwarze Rüstung und schenkte ihm einen Rappen. An jedem Tag fing der fremde Ritter den Apfel und verschwand. Am dritten Tag aber wurde der Hofstaat ungeduldig und man setzte dem Ritter nach. Dabei wurde sein Bein mit einem Schwerthieb verletzt und sein Helm fiel ihm vom Kopf. So konnten alle sehen, dass der fremde Ritter goldene Haare hatte.

Am nächsten Tag ging die Königstochter in den Garten auf den Gärtnerjungen zu, nahm ihm sein Hütchen vom Kopf, und da fielen seine goldenen Haare über die Schultern und er war so schön, dass alle erstaunten. „Bist du der Ritter gewesen, der jeden Tag zu dem Fest gekommen ist, immer in einer anderen Farbe, und der die drei Äpfel gefangen hat?", fragte der König. „Ja", antwortete er, holte die Äpfel aus seiner Tasche und reichte sie dem König, „aber ich bin auch der Ritter, der euch zum Sieg über die Feinde verholfen hat." „Wenn du solche Taten verrichten kannst, so bist du kein Gärtnerjunge; sag, wer ist dein Vater?" „Mein Vater ist ein mächtiger König und Gold habe ich in Fülle!" „Ich sehe wohl", sprach der König, „ich bin dir Dank schuldig. Kann ich dir etwas zu Gefallen tun?" „Ja", antwortete er, „das könnt Ihr! Gebt mir eure Tochter zur Frau!"

Da lachte die Jungfrau und sprach: „Der macht keine Umstände, aber ich habe schon an seinen goldenen Haaren gesehen, dass er kein Gärtnerjunge ist", ging hin und küss-

te ihn. Zu der Vermählung kamen sein Vater und seine Mutter und waren in großer Freude, denn sie hatten schon alle Hoffnung aufgegeben, ihren lieben Sohn wiederzusehen. Als sie an der Hochzeitstafel saßen, da schwieg einmal die Musik, die Türen gingen auf und ein stolzer König trat herein mit großem Gefolge. Er ging auf den Jüngling zu, umarmte ihn und sprach: „Ich bin der Eisenhans und war in einen wilden Mann verwünscht, aber du hast mich erlöst. Alle Schätze, die ich besitze, die sollen dein Eigentum sein."

Die Sprache der Bilder

Lassen Sie uns nun versuchen, die Bilder dieser Geschichte zu entschlüsseln und ihre Bedeutung für unseren Weg der seelischen Reifung zu begreifen:

Der wilde Mann „Eisenhans"

In jedem von uns befindet sich am Grunde unserer Seele, die im Märchen als Pfuhl symbolisiert wird, eine Verbindung zu uralten Instinkten, zu Wildheit und Unzivilisiertheit. Der wilde Mann oder die wilde Frau sind unser innerer Seelenteil, der sich nicht um Konventionen oder Ansprüche kümmert. „Eisenhans" ist aber ebenso Träger einer alten, auf unerklärbare Art uns innewohnenden Weisheit, die sich manchmal in instinkthaften oder intuitiven Eingebungen äußert, die rational nicht begründbar sind. „Eisenhans" ist der Teil in uns, der uns mit der Natur verbindet, durch ihn lieben wir sie und wollen sie schützen.

Aus dem Pfuhl schöpfen

Nun ist dieser „Eisenhans" aber offensichtlich eine Bedrohung für unser zivilisiertes Ich. Er befindet sich am

Urgrund unserer Seele, dem Pfuhl oder Tümpel der Geschichte. Um ihn zu finden, braucht es 20 Männer, die gemeinsam Eimer für Eimer den Tümpel ausschöpfen.

Es braucht Menschen, die bereit sind, aus den dunklen, vielleicht ekelhaften oder peinlichen Seiten ihrer Menschlichkeit zu schöpfen und sie ans Licht zu bringen.

Es braucht eine Gemeinschaft, in der wir Vertrauen zueinander haben und ab-grund-tief ehrlich sein können. Denn was 19 Gefährten bereits schöpften, braucht der 20. nicht mehr zu tun, weil er Anteil nehmen kann an den Geschichten aller anderen.

Gehen Sie gerne mit Freunden auf einen Berg? Nutzen Sie die Gelegenheit, beim Lagerfeuer ihre unbewussten Tiefen zu erforschen; lassen Sie sich leiten von instinktiver Ursprünglichkeit und den Worten, die an die Oberfläche drängen. Natürlich können Sie auch in der Schwitzhütte, beim Wandern, in einem Seminar oder wo immer Sie sich mit „Eisenhans" verbunden fühlen, den Tümpel ausschöpfen. Wichtig ist, Freunde um sich zu haben, die gemeinsam Eimer für Eimer in die Tiefe arbeiten.

Die Geschichte macht uns deutlich, dass wir viele seelische Anteile in uns haben, dass wir mit ihnen umgehen dürfen und sie uns vertraut machen dürfen oder vielmehr sollen, um ein erfülltes Leben zu haben. Das Wilde unserer Urinstinkte aus dem unbewussten Schattenreich unserer seelischen Verletzungen, Schamgefühle oder vermeintlichen Misserfolge zu holen, ist ein erster wichtiger Schritt, ein gemeinsamer Schritt.

Der König

Die Seele ist ein weites Land, wie Arthur Schnitzler schon meinte. Je vertrauter mir dieses Land ist, umso besser kann ich mich darin bewegen – ich kann es be-herrschen. Ich bin der König über mein inneres Reich. Auch ein „Eisenhans" hat darin Platz. Ich kann mich mit ihm verständigen, ohne von ihm verschlungen zu werden wie die „un-bewussten" Jäger zuvor.

So geht es einem guten König mit all seinen seelischen Anteilen. Er kennt sie, er akzeptiert sie, er setzt sie ein, wie er sie braucht.

Das Bild des Königs oder der Königin steht auch für unsere Wertewelt. Wem dient der König? Es beschreibt eine Zeit in unserem Leben, in der wir uns mit unseren übernommenen Werten beschäftigen, mit unseren Eltern und deren Eltern und all dem, was uns die Generationen vor uns mitgegeben haben. Vielleicht wollen wir uns abgrenzen oder aussöhnen. Wir wollen sicherlich unterscheiden lernen, wem oder wofür zu dienen es sich lohnt.

Der goldene Ball

Der Königsjunge spielt mit einem goldenen Ball, der prompt in den Käfig des „Eisenhans" fällt.

Der Ball ist ein Symbol für unser „heiles Selbst", das unsere Kindheit prägt.

Der Ball ist rund, ganz und golden; nichts fehlt, noch ist nichts geteilt – in richtig und falsch oder in gut und böse. Dieses Heile und Ganze des goldenen Balls steht für das göttliche Selbst, das der Junge keinesfalls verlieren möchte, wofür sich großer Einsatz lohnt! In den Märchen findet sich das Symbol der goldenen Kugel oftmals an der Schwelle zum Erwachsenwerden (zum Beispiel „Der Froschkönig"), in einer Lebensphase, in der es um Abgrenzung vom elterlichen Einfluss geht.

Den Schlüssel holen

Der Königssohn muss den Schlüssel unter dem Kopfkissen seiner Mutter hervorholen. Er muss sich also deutlich von dem abgrenzen, was Vater und Mutter von ihm erwarten. Die – auch verinnerlichte – Stimme der guten Mutter würde ihn mit Sicherheit von dem Risiko abhalten wollen, „Eisenhans" zu befreien.

Doch die Aufgabe eines reifenden Menschen besteht darin, sich von diesen Erwartungen abzugrenzen.

Dies kann auch durch Tricks, Hinterhalt oder Kampf geschehen. Dass diese Schritte in der Pubertät zur normalen Entwicklung gehören, ist offensichtlich. Auch dass sie nicht immer schmerzfrei sind, wie der verletzte Finger im Märchen zeigt, wissen wir. Doch wir sind gefordert, immer und immer wieder auch gegen die verinnerlichte „Elternstimme" anzukämpfen, um sowohl den „Eisenhans" unserer Urinstinkte als auch die goldene Kugel unseres göttlichen Selbst zu befreien.

Das Kind auf der Schulter

„Eisenhans" nimmt das Kind auf die Schulter und geht fort.

Wer mit einem Kind auf der Schulter geht, der geht mit Bedacht, der geht mit Rücksicht und Verantwortung – kurz, der würde niemals das Kind in Gefahr bringen wollen!

Wer allerdings *nicht* sein „inneres Kind" mit sich trägt, der hat keine Scheu, Amok zu laufen, und keine Hemmschwelle, den Tod zu bringen!
Wie fühlte ich als Kind, wie sah ich aus, was hatte ich gerne gemacht, was gehasst, was hatte mir gutgetan, was hatte mich verletzt? All diese Fragen und Erinnerungen machen uns mit unserem „inneren Kind" vertraut, wir setzen

es gleichsam auf unsere Schulter. Manchmal weint oder trotzt es da oben. Kenner können diese Gefühle akzeptieren und wissen, dass sie dem verletzten kleinen Mädchen oder Buben gehören, der sie einmal waren. Sie können es anhören, seine Gefühle aushalten, ohne sie verändern zu müssen. Was sonst braucht ein Kind?

Der goldene Brunnen

Im goldenen Brunnen befindet sich das Wasser des Lebens. Dieses geheiligte Wasser, Weihwasser, fließt durch die Erde, aus der Erde, gespeist vom Himmel, kurz: Es verbindet alles Sein! Mit diesem Symbol wird verdeutlicht, dass wir durch die Pflege unseres Naturbewusstseins (im Auftrag des „Eisenhans" den Brunnen bewachen), durch die Konfrontation mit der eigenen Geschichte (sich im Wasser in die Augen sehen) mit einem göttlichen Geschenk (mit goldener Farbe) gesegnet werden.

Die Vergoldung des Fingers und der Haare macht diesen Segen deutlich und verheißt weitere wichtige Aufgaben für den Königssohn. Im weiteren Verlauf der Geschichte erfahren wir, dass er seine goldenen Haare versteckt, bis er sie im richtigen Augenblick preisgibt und erkannt wird als *der, der er ist* – als ein Teil des universellen Seins.

Das Leben braucht eine gewisse Synchronizität – es wartet auf den richtigen Augenblick und den richtigen Platz, dann fließt es in Fülle.

Diesen Moment zu erkennen ist eine Frage von gut entwickeltem Instinkt („Eisenhans") und versöhnter innerer Persönlichkeit, versöhnt mit seiner Geschichte, seiner Ahnenreihe, mit sich selbst und schließlich mit Gott.

Asche zusammenfegen

Wie in vielen Volksmärchen hat der Held oder die Heldin in einer bestimmten Lebensphase die unwürdige Aufgabe, in Küche oder Keller (tief unten) Asche zu fegen. Die Asche zeigt, dass etwas verbrannt ist – zum Beispiel die Kindheit. Es ist eine Zeit, in der man möglicherweise unter diesem Verlust leidet und in eine (jugendliche) Depression verfällt.

Es ist eine Zeit, in der wir erkennen müssen, dass manches im Leben zu Asche wurde, manche Träume, manche Ideale, manche Ansprüche.

Wir erkennen, dass wir selbst Asche produzierten, weil unsere Vorhaben gescheitert sind oder negative Folgen nach sich zogen. Nun müssen wir uns den Tatsachen stellen, die Trauer durchleben und aufräumen.

Doch ähnlich wie der Wiederaufbau nach dem Zweiten Weltkrieg, in dem man in Schutt und Asche wühlte, ist es eine Zeit, in der langsam Neues heranreift. Eine Führungskraft nutzt diese Asche als Phase der Reflexion, in der Fehler und deren Folgen gesehen und bewältigt werden.

Die Zeit im Garten

Im Garten beginnt nun endlich die Zeit der Ernte. Durch die Begegnung mit der Königstochter strebt die Geschichte auf ihren Höhepunkt zu. Die endgültige Entfaltung des Königssohnes mit all seinen Qualitäten ist nicht mehr weit. Bald darf er seine goldenen Haare zeigen und man ahnt bereits, dass es zu einer Vermählung kommen wird.

Wir erkennen, dass der Weg der Asche zu neuen Entwicklungsschritten geführt hat, dass sich die Geduld lohnt.

Der Königssohn begreift, dass er zunächst seine mannhaften Kräfte als Krieger einsetzen darf. Hilf dir selbst, dann hilft dir Gott, könnte man sagen. „Eisenhans" hilft ihm mit einer Heerschar und so schafft er es, die Feinde des Königs zu besiegen.

Eine Führungskraft muss wissen, wofür sie kämpfen will (wem dient der König?); sie muss wissen, wann der richtige Zeitpunkt für Kampf oder List ist; und sie muss wissen, wer die Feinde sind. Als Krieger gilt es, alle Kräfte zu bündeln, konzentriert und beherzt in die Schlacht zu treten – nur so ist ein Sieg möglich.

Der Krieger kämpft gegen äußere oder innere Feinde.

Er wehrt sich gegen notorische Grenzüberschreiter, die sein Revier angreifen, oder gegen seine Sucht beispielsweise, die sein weites Land zerstören möchte. Er weiß, wann er seine Macht und sein Gefolge mit Entschlossenheit *gegen* etwas einzusetzen hat: gegen die Krise, gegen feindliche Übernahmen, dagegen, dass Leitbilder durch äußere Einflüsse missbraucht werden et cetera. Der Krieger wehrt sich aber auch gegen innere Feinde, mit eisernem Willen und gerüstet mit jeder Faser seiner selbst, zum Beispiel gegen Krankheit oder Sucht.

Die Reiter

Als roter, weißer und schließlich schwarzer Reiter gewinnt der Königssohn den Wettbewerb während des Festes und das Herz der Königstochter.

Die Farben symbolisieren emotionale Qualitäten im Leben eines Menschen.

Rot ist die Glut, wir brennen für etwas, wir empfinden heiß und tief, sind voller Leidenschaft im Zorn, in der Liebe, in der visionären Kraft. Die Autorität des roten Reiters ist jene der Begeisterung.

Der weiße Reiter auf dem weißen Pferd ist schon etwas abgeklärter und gelassener, er lässt sich mehr vom Geist leiten und dient ethischen Grundsätzen. Er strahlt die Autorität geistiger Werte aus.

Der schwarze Reiter schließlich ist der erfahrene Mensch, der viele dieser Reifungsschritte bereits geleistet hat, der sich weder durch aufbrausende Gefühle noch durch ethische Regeln beeinflussen lässt. Er agiert aus der Schöpferkraft seiner ganzen Seele und kennt keine Angst mehr. Vielleicht ist er auch ein Liebhaber des schwarzen Humors. Er ist Autorität kraft seiner Persönlichkeit.

Das Märchen zeigt uns durch diese Bilder einmal mehr, wie vielschichtig unsere Seele und unser Leben sein können, dass alles zu seiner Zeit seine Richtigkeit hat und viel Kraft und Weisheit in uns allen steckt. Wie viele Hinweise auch für Führungskräfte im „Eisenhans" stecken, lesen Sie im nächsten Abschnitt!

„Eisenhans" und Führungskompetenz

Als Mensch erfüllt, als Führungskraft wirklich gut bin ich dann, wenn ich aus meinem ganzen seelischen Reichtum schöpfen kann. Ich kenne mein weites Land, ich akzeptiere es, ich beherrsche es – ich bin souverän. Dadurch kenne ich meine Angst und brauche sie nicht mehr zu fürchten. Der Schatten, der Tümpel, das Wilde und auch die Asche sind mir vertraut. Es geht nicht darum, „Eisenhans", das Kind, der König oder all die anderen seelischen „Figuren" zu *sein*; es geht darum, sie als Teil seiner selbst zu akzeptieren, zu kennen, mit ihnen in Kontakt zu stehen, sie zu befragen, sie im Leben einzusetzen.

„Eisenhans" lehrt uns, wie die Reifungsschritte einer Führungskraft aussehen können.

Zunächst geht es um den Mut zur Ehrlichkeit vor sich selbst und anderen:

Zum *Ausschöpfen* des Pfuhls werden 20 Männer gebraucht, die bereit sind, abgrundtief ehrlich zu sein, vor sich und den anderen. Radikale Wahrhaftigkeit ist gefordert. Wir erinnern uns an Benedikt von Nursia, der uns empfiehlt, dreifach Rechenschaft abzulegen.

Als Geschenk erhalten wir den Kontakt zu unseren Urinstinkten – zu „Eisenhans" –, einer Kraft, die sehr *schöpferisch* mit dem Leben und seinen Aufgaben umgehen kann und unendlich viele Ressourcen („Meine Macht ist größer, als du denkst!") zur Verfügung hat. Diesem Potenzial stünden wir uns durch Selbstlüge und Ängstlichkeit im Wege. Führungskräfte, die mit ihrem „Eisenhans" gut in Verbindung stehen, haben Zugriff auf diese Macht: Geschick, Gespür, ein glückliches Händchen, eine feine Nase ... Die Sprache zeigt uns, dass manche Menschen nicht nur über angelerntes – kognitiv erworbenes – Wissen verfügen, sondern auch über eine Kraft, die eher ihrer Leiblichkeit zugeschrieben wird.

Risikobereitschaft

Um gegen die bewahrende Elternstimme vorzugehen, muss der Junge ein großes Risiko eingehen. Er holt den Schlüssel unter dem Kissen der Mutter hervor und geht seinen Weg. Dazu muss er sich sogar eines Tricks bedienen. Gute Führungskräfte agieren souverän. Sie sind nicht durch die Stimme einer allzu guten Mutter („Bringe dich nicht in Gefahr!") oder einer abwertenden Mutter („Das schaffst du bei weitem nicht!") von ihren Entscheidungen abzubringen. Dazu haben sie bereits genug „Eisenhans"-Qualität aufgebaut, sie vertrauen ihrer eigenen Stärke.

Sein weites seelisches Land beherrschen

Die Aufgabe des Königs ist es, alle Seelenteile zu beherrschen, sie einzusetzen, wenn er sie braucht. Das setzt voraus, dass er mit allen vertraut ist, sie alle kennt und nicht mehr fürchtet. Er hat gelernt, sie nicht mehr zu bewerten, denn jede Eigenschaft hat ihre Verwendung. Das eigene Land – die eigene Seele – bietet plötzlich schier unendlich viele Möglichkeiten. Sie eröffnet dem König, der Führungskraft, einen riesigen inneren Handlungsspielraum: Der gute Instinkt des „Eisenhans" steht ebenso zur Verfügung wie die Kriegslist der Krieger oder das Mitgefühl des Kind-Trägers. Alle Figuren des Märchens haben ihre eigenen seelischen Qualitäten und bewohnen unser weites Land.

Sich seiner Ahnenreihe und seiner Geschichte stellen

Während der Zeit am Brunnen blickt der Junge tief hinab in seine Ahnenreihe und verbindet sich mehr und mehr mit seinem Ursprung. Eine Zeit der radikalen Akzeptanz beginnt. Welch segensreiche Arbeit dies ist, zeigt das Gold, das nunmehr sein Haupt schmückt!

Wann ist der rechte Zeitpunkt?

Dieser Abschnitt des Märchens lehrt uns auch, ein Gespür für den rechten Zeitpunkt zu entwickeln. Wann zeige ich meine goldenen Haare, wann zeige ich mich ganz? Welche Trumpfkarte oder seelische Qualität spiele ich wann aus? Im Märchen setzt sich der Junge zuerst mit seiner Herkunft auseinander, er blickt in den Brunnen, anschließend zieht er los, um in Küche und Garten zu dienen, gegen die Feinde zu kämpfen, im Wettbewerb zu siegen und schließlich seine goldenen Haare zu zeigen – just in dem Augenblick, als er das Herz der Königstochter erobert. Symbolisch gesehen verbindet er sich durch diese Hochzeit mit seinen weiblichen Anteilen und wird wieder ganz.

Den rechten Zeitpunkt zu erkennen, ist eine wahre Führungsqualität. Das kann jener Augenblick sein, in dem man sich aussöhnt mit seiner Herkunft und seiner Geschichte – zu sich selbst steht und sein Gold zeigt! Es kann der Moment sein, in dem eine Führungskraft jene Trumpfkarte ausspielt, die schließlich zum Erfolg einer Verhandlung, zur Überzeugung der Zuhörer, zum Gelingen eines Projektes führt. Der Trumpf einer Führungskraft ist das Gold ihres Könnens, ihres Herzens, ihrer Herkunft – im Sinne der *religio*, auf die ich im Folgenden noch näher eingehen werde.

Den Weg der Desillusion gehen

Die Asche im Keller des Schlosses zu fegen und aufzuräumen, was verbrannt ist, ist ein Prozess der Selbstreflexion. Es ist Zeit, die eigenen Anteile zu sehen. Diese Lernchance wahrzunehmen, ist für die Meisterschaft des Führens unerlässlich. Sie befähigt uns, aus unseren Fehlern zu lernen oder unser Scheitern umzudeuten und den tieferen Sinn darin zu erkennen. Während dieser Arbeit ist es wichtig, liebevoll und akzeptierend auf seine Asche zu blicken und ihren positiven Charakter ebenso wahrzunehmen.

Konzentriert, zielgerichtet und beherzt kämpfen

Die Fähigkeit des Kriegers zeigt sich im Bewusstsein für den rechten Augenblick, sich und seine Fähigkeiten gebündelt für eine Sache einzusetzen. Führungskräfte sind mittlerweile für den Kampf gerüstet, sie kennen und nutzen die Insignien der Macht, können Finten analysieren und parieren und bringen ihre Heerschar – ihre eigenen seelischen Anteile ebenso wie ihre Belegschaft – auf Linie.

Richtige Qualitäten zur richtigen Zeit einsetzen

In den Farbunterschieden der Reiter von der roten Leidenschaft über die weiße Rechtschaffenheit bis zur schwarzen Souveränität zeigen sich unterschiedliche Zeitqualitäten und menschliche Schubkraft. Führungskräfte agieren manchmal als rote Reiter und bringen all ihre Begeisterungsfähigkeit auf, um Menschen für eine Sache einzunehmen oder ein Projekt effizient auszuführen. Ebenso sind sie sich als weiße Reiter ihrer Werte bewusst und stimmen ihre Arbeit immer wieder auf übergeordnete Ziele ab. Sie fragen sich regelmäßig, wem sie dienen, was sie bewirken und wofür sie sich einsetzen. Als schwarze Reiter erlauben sich Meister des Führens auch einmal bewusst, sich über Regeln hinwegzusetzen, wenn sie das Gefühl haben, sie müssen als ganzer Mensch auftreten. Diese Menschlichkeit ist Ausdruck ihrer Souveränität.

Gute Führungskräfte haben all das in sich, sie sind integrierte Persönlichkeiten. Sie sind integer.

Entwicklung braucht aber Zeit und kann Druck nicht gebrauchen. Wenn sie in der Haltung des Vertrauens auf ihre Stärken und der liebevollen radikalen Akzeptanz all ihrer allzu menschlichen Seiten aufgebrochen sind, sind sie bereits auf dem richtigen Weg!

Erst heute als über 50-Jähriger habe ich das Gefühl, ich könnte nun ein guter Personalchef sein; ein Job, den ich aber bereits mit 36 Jahren ausübte. Auch ein befreundeter Direktor, offenbar bereits ein schwarzer Reiter, gestand mir kurz vor seiner Pensionierung: „Erst die letzten Jahre meines Berufslebens hatte ich das Gefühl, dass ich eine gute

Führungskraft bin! Ich hatte keine Angst mehr, ich habe die
Dinge angesprochen und es hat Spaß gemacht!"

Aus dem Vollen schöpfen

Im „Eisenhans" haben wir von der nötigen Abgrenzung zur elterlichen behütenden und behindernden Stimme gehört. Um
sich selbst (wieder) zu erlangen, den goldenen Ball zu befreien, ist es nötig, sich gegen diese Stimme aufzulehnen.
Vielleicht ist ein Trick oder Hinterhalt nötig, um den Schlüssel
unter dem Kopfkissen der Mutter hervorzuholen; vielleicht ist
Trauer um die verstorbenen Eltern nötig oder ein heiliger Zorn,
der die Stimme oder die Macht der „allzu guten" Mutter in
die Schranken weist.
In jedem Fall geht es in der menschlichen Entwicklung darum,
sich aus der Bindung zu lösen und seinen Weg zu gehen.

Eine Mutter sagte mir nach der Lektüre des „Eisenhans" an
dieser Stelle: „Es ist für mich beruhigend zu spüren, dass
Streit und Abgrenzung natürliche Prozesse sind, die sein
müssen, dass meine bewahrende Haltung als Mutter eben-
so wichtig ist wie die schroffe Ablehnung der Heran-
wachsenden. Nicht Harmonie fördert diese Entwicklungs-
phase, sondern Reibung, denn sie schärft ihr Profil."

Ich möchte diesem Loslösungsprozess noch einen weiteren
Denkansatz anschließen: Denn ebenso wichtig wie Abgrenzung und Loslösung vom elterlichen Denken ist auch
das versöhnte (!) Bewusstsein um jene Anteile der Eltern,
Großeltern und aller meiner Vorfahren, die ich in mir habe.
In der bereits erprobten Haltung der radikalen Akzeptanz,
des Einfach-nur-zulassen-Könnens und Spüren-Könnens,
ohne das Gespürte zu bewerten, erkenne ich, dass ich ein
Produkt aus Vater und Mutter bin, welche jeweils ein

Produkt ihrer Eltern sind, die wiederum ebenso und so weiter und so weiter. Ich führe meine Existenz immer weiter zurück und erkenne, dass ich auf diesem Weg mit dem Ursprung allen Seins in Verbindung bin.

Die Rückverbindung zum Ursprung (= *religio*) ist geknüpft.

Die goldenen Haare des Jünglings, die vom heiligen Wasser berührt wurden, deuten auf unsere Verbindung zum Ursprung hin: Als er tief in den Brunnen hinabblickt und sich in die Augen sehen möchte – sich und seine Geschichte zu erfahren bereit ist –, fällt sein Haarschopf von den Schultern, taucht in das Wasser und färbt sich golden. Das Wasser, welches durch all unsere Vorfahren fließt, ist gleichsam der ewige Fluss des Lebens, der vor und nach uns die Lebenden und die Toten verbindet. Diese Rückverbindung an-zu-erkennen, „vergoldet" unser Sein, wertet es in ganz besonderer Weise auf, segnet es.

Im Augenblick der Versöhnung mit unserem Ursprung sind wir dazu bereit, unsere goldenen Haare zu zeigen und die Menschen damit zu erfreuen!

Ich werde der, der ich bin!
Konkret kann diese Arbeit mühevoll sein und verlangt uns Asche (also Selbstreflexion) und Versöhnung ab, aber sie führt uns zur unerschöpflichen Quelle, aus deren Fülle wir schöpfen können:

*Beispiel: Die Erkenntnis, eine unliebsame Eigenschaft der Mutter, sei es Trägheit, und eine verhasste Eigenschaft des Vaters, sei es Ignoranz, in sich zu tragen, ist schwieriger auszuhalten, als über die träge Mutter und den ignoranten Vater zu klagen! Doch mit **meiner** Trägheit und mit **meiner** Ignoranz kann ich arbeiten: Ich kann prüfen, wann ich sie brauche, ob sie mich schützen und wovor, und auf diesem Weg werde ich damit vertraut, erkenne ihren Sinn.*

Ich kann im Schatten das Lichtvolle erkennen.
Nicht sie zu verändern oder auszumerzen ist die Aufgabe,
sondern sie in mein inneres Reich aufzunehmen, sie zu inte-
grieren und damit einsetzbar zu machen – eine königliche
Aufgabe! Eine seelische Handlung, die möglich wird, wenn
ich dazu bereit bin, zu sehen und zu akzeptieren.
Damit geht meine ausgesöhnte Geschichte auf meine
Kinder über.

Es ist beglückend zu entdecken, welche großartigen Menschen mein System Familie bereichert haben und sich bewusst zu machen, dass ich all ihre Qualitäten in mir trage! Aus dem Vollen, dem heiligen Brunnen des Lebens, schöpfen: Das ist das Ziel der Einweihung – der Weihe – in das Potenzial der Lebenden, der Ahnen, des Lebens an sich. Die Meisterschaft des Führens ist erreicht!

Auf diesem Weg wünsche ich Ihnen ein gutes Gelingen!

Ihr August Höglinger

Weitere Bücher

von August Höglinger

Das Leben meistern

Was ist Leben? Was der Sinn? Was Erfolg? Was und wer ist Gott?
Im Gespräch mit dem Autor Thomas Hartl schildert der Lebensbegleiter, welche Erkenntnisse er aus seinem Leben gezogen hat.

Er spricht über Freude und Leid, über Erfolg und Scheitern, Geburt und Sterben und gibt Einblicke in sehr private Dinge.

In Meditation und innerer Schau findet August Höglinger Antworten auf existenzielle Fragen des Lebens.

ISBN: 978-3-902410-15-3

Männer – was Frauen über sie wissen sollten

Wer versteht schon die Männer? Wo sie sich doch kaum selbst verstehen. Dieses Buch dient als Reiseführer ins weite Land der männlichen Seele. Es erzählt von den Ängsten, Sehnsüchten und Schwächen des „starken Geschlechts" und stellt dabei mutig kritische Fragen. Problematische Themen, wie zum Beispiel „Sexualität", „Mannwerden" oder „Die Schwiegermutter", werden dabei direkt angesprochen. Der Autor und Coach August Höglinger beschäftigt sich seit mehr als 20 Jahren intensiv mit dem Thema „Männer". In regelmäßig stattfindenden Seminaren und Vorträgen gibt er seine Erfahrungen weiter und sammelt dabei selbst neue Erkenntnisse. Im Buch „Männer – was Frauen über sie wissen sollten" bietet er Einblick ins Denken, Fühlen und Handeln der Spezies „Mann".

ISBN: 978-3-9501137-7-8

Inthronisation

In diesem Buch werden die wesentlichen Rituale der Übergabe von Führungsmacht beschrieben. Werden bei der Verabschiedung des „alten Regenten" und bei der Einsetzung des „Thronfolgers" auch nur kleinste Fehler gemacht, so kann das weitreichende negative Folgen für das Unternehmen, die Mitarbeiter und die Führungskraft selbst haben. Dieses Buch leistet einen wichtigen Beitrag zur erfolgreichen Neubesetzung von Führungspositionen. Ein Ratgeber für alle, die für die Wahl des richtigen Kandidaten verantwortlich zeichnen. Chefs, Personalberater, Trainer und Regenten in spe sind eingeladen, die Spielregeln der Inthronisation kennen zu lernen.

I S B N : 9 7 8 - 3 - 9 5 0 1 1 3 7 - 4 - 7

Zeit haben heißt NEIN sagen

NEIN sagen ist eine Schlüsselqualifikation für den Umgang mit der Zeit. Die vorgeschlagenen Methoden, Tipps und Anregungen sind zu 100 Prozent in der Praxis umsetzbar, einfach anwendbar und äußerst wirkungsvoll. Das Arbeitsbuch besteht aus 52 Arbeitsblättern (für die Wochen des Jahres). Es begleitet Sie im Idealfall ein Jahr lang als Ihr persönlicher Berater oder Coach und verhilft Ihnen bei konsequenter Anwendung zu mehr Zeit und Lebensqualität.
Aktualisierte Ausgabe

I S B N : 9 7 8 - 3 - 9 5 0 1 1 3 7 - 0 - 9

Lebensziele finden

Sie suchen neue Perspektiven in Ihrem Leben? Stellen sich immer öfter die Frage nach dem eigentlichen Sinn Ihres Lebens? Finden Sie Ihr Lebensziel und machen Sie sich auf den Weg. Denn der erste Schritt zählt. Zehn Fragen (im beiliegenden Arbeitsbuch) helfen Ihnen, Ihre persönlichen Antworten zu finden. Dieses Buch dient als Wegweiser und Begleitung auf dem Weg zu einem erfüllten Leben.

ISBN: 978-3-9501137-6-1

Die Sprache des Körpers

In diesem Nachschlagewerk der Körpersprache erhalten Sie Antworten auf folgende Fragen:

- Was sagen mir Haltung und Stand eines Menschen?
- Was kann ich aus dem Sitzen und Gehen ablesen?
- Welche körpersprachlichen Hinweise bekomme ich bei einer Begrüßung?
- Wie deute ich Gestik und Mimik richtig?
- Welche Rolle spielen die Sinnesorgane in der Körpersprache?
- Welche animalischen Gesetze wirken hinter der Sprache des Körpers?

Wenn Sie körpersprachliche Ausdrücke besser verstehen oder ihre eigenen klarer kommunizieren wollen, dann schlagen Sie in diesem Wörterbuch nach.

ISBN: 978-3-9501137-5-4

Das Leben entrümpeln

Im Lauf eines langen Lebens sammelt sich vieles an. Manches trägt man ständig mit sich herum. Anderes füllt Kästen und Schränke, verbraucht Platz auf dem Dachboden oder im Keller. Jede Menge Gerümpel wird auch in der Seele und im Geist angesammelt. Viele Menschen wissen nicht, wie man richtig entrümpelt, und manche entsorgen dabei das Falsche. Zutiefst in ihrem Inneren sehnen sie sich danach, ihr Leben zu entrümpeln.

ISBN: 978-3-9501137-9-2

Ruhe finden

„In der Ruhe liegt die Kraft", sagt ein altes Sprichwort. Aber dazu müssten wir sie erst einmal finden.
Wie gelingt es uns, den äußeren und inneren Stress los zu werden? Wie können wir Körper und Geist sammeln und auf unser Inneres hören? Wie finden wir aus Ablenkung und Äußerlichkeit wieder zu uns selbst zurück?
Wenn es uns glückt, uns auf das Wesentliche zu konzentrieren, erfahren wir Ruhe und Gelassenheit.

ISBN: 978-3-902410-14-6

Umgang mit Angst

Es gibt kein angstfreies Leben. Und das ist gut so. Weil die Angst eine Art Warnsignal ist, sollten wir nicht daran arbeiten, sie auf Dauer loszuwerden. Aber wir können und sollten lernen, mit ihr umzugehen, sie nicht als Bedrohung oder gar als Feind anzusehen. Wenn wir es schaffen, sie in unser Leben zu integrieren, kann sie sich zu einem hilfreichen Freund entwickeln.

ISBN: 978-3-9501137-8-5

Grenzen setzen bei Erwachsenen

In diesem Buch geht es um die Grenzen und Reviere bei Erwachsenen im privaten und beruflichen Umgang miteinander. Es soll jenen helfen, die sich schwer tun, Grenzen zu setzen und NEIN zu sagen. Zahlreiche Vorschläge und Übungen zur Lösung von Grenz- und Revierproblemen werden angeboten. In 29 lebensnahen Geschichten kann sich jeder mühelos mit den behandelten Problemstellungen identifizieren.

ISBN: 978-3-9501137-1-6

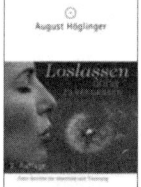

Loslassen ohne zu vergessen

Wie ich loslassen lernen kann: Dieses Buch ist ein praktischer Ratgeber zum Loslassen. Sie lernen die zehn Schritte des Loslassens, die im Todesfall oder bei einer Trennung zu gehen sind. Wertvolle Hinweise zum Trauern und zum Umgang mit Trauernden ergänzen die zehn Schritte des Loslassens. Sie werden wieder frei – ohne das Vergangene vergessen oder verdrängen zu müssen.

ISBN: 978-3-9501137-3-0

Lust auf Meditation

Sie sollten dieses Buch lesen, wenn Sie nach Klarheit in wichtigen Fragen und Entscheidungen suchen, wenn Sie innerlich ruhiger und ausgeglichener werden wollen, wenn Sie das Meditieren praktisch erlernen oder einfach nur Grundlegendes über Meditation erfahren möchten. Meditationslehrer, Coach und Autor August Höglinger gibt Antworten auf Fragen, die sich jeder einmal stellt.

ISBN: 978-3-9501137-2-3

CDs

von August Höglinger

Das Leben entrümpeln

Vortrag – Studioaufnahme
ISBN: 978-3-902410-12-2

Die Firma – unsere 2. Familie

Vortrag – Studioaufnahme
ISBN: 978-3-902410-04-7

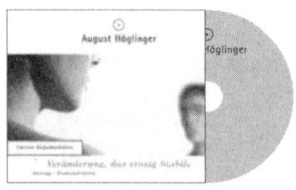

Veränderung, das einzig Stabile

Vortrag – Studioaufnahme
ISBN: 978-3-902410-03-0

Grenzen setzen bei Erwachsenen

Vortrag – Studioaufnahme
ISBN: 978-3-902410-01-6

Lebensziele

Vortrag – Studioaufnahme
ISBN: 978-3-902410-09-2

Zeit haben heißt NEIN sagen

Vortrag – Studioaufnahme
ISBN: 978-3-902410-00-9

CDs

von August Höglinger

Leben in gelungenen Beziehungen

Vortrag – Studioaufnahme
ISBN: 978-3-902410-06-1

Männer – was Frauen über sie wissen sollten

Vortrag – Studioaufnahme
ISBN: 978-3-902410-07-8

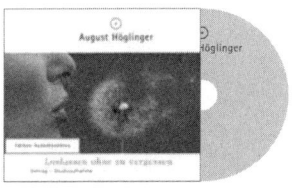

Loslassen ohne zu vergessen

Vortrag – Studioaufnahme
ISBN: 978-3-902410-08-5

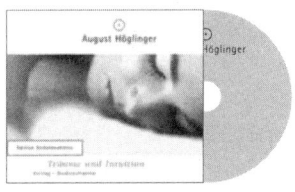

Träume und Intuition

Vortrag – Studioaufnahme
ISBN: 978-3-902410-05-4

Der Weg nach Innen – Meditation

Vortrag – Studioaufnahme
ISBN: 978-3-902410-02-3

123

August Höglinger

Führungskräftecoach, Vortragender
und Autor

Der Autor begleitet seit Jahrzehnten
Menschen auf ihrem persönlichen
und beruflichen Weg.

Diese Lebenserfahrungen teilt er in
seinen Büchern und Vorträgen mit
seinen Lesern und Zuhörern. Sein
Blick auf das Wesentliche und seine
bildhafte Sprache machen seine
Publikationen so wertvoll.

Meditation   *Geführte Meditation*

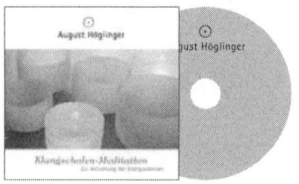   

Klangschalen-   *Meditation für Körper*
Meditation   *und Seele*

Liveaufnahme   Liveaufnahme
ISBN: 978-3-902410-11-5   ISBN: 978-3-902410-10-8

www.hoeglinger.net

• Onlineshop • Vorträge • Seminare • Lehrgänge